U0290268

昆虫的私生活

Sex on Six Legs: Lessons on Life, Love and Language from the Insect World

［美］马琳·祖克 著

王紫辰 译

2017年·北京

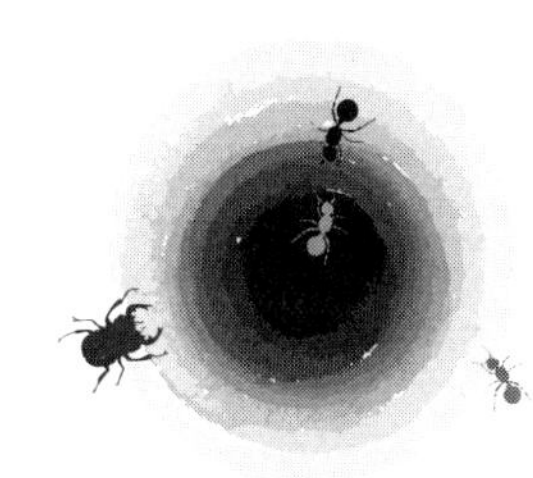

致　谢

我首先要感谢杰出的直翅目专家比尔·可德（Bill Cade）。除了多年来对我研究蟋蟀的大力帮助外，《昆虫的私生活》这一书名也是他提出来的。他慷慨地容我借题发挥，但我很肯定，他自己对这一题材的见解一定也同样引人入胜。我还要感谢其他同事——他们慷慨地提供了各种未出版的资料、手稿及各种奇闻逸事，并细致地审阅了某些章节。这里要特别感谢奈森·贝利（Nathan Bailey）、戴夫·费瑟斯通（Dave Featherstone）、瑞安·格雷戈里（Ryan Gregory）、琼·赫伯斯（Joan Herbers），以及柯克·维斯切（Kirk Visscher）。柯克长久以来为我详尽普及了蜜蜂及其他社会性昆虫的知识与相关信息，更不用说赠送蜂蜜及帮助处理掉家中蜂巢的人情了。而利·西蒙斯（Leigh Simmons）一直是一位优秀的同事与合作者。我对昆虫的爱大多源自艾德里安·温纳（Adrian Wenner），他向我传授了许多关于科学素养与鉴别可能陷阱的见解。我已故的博士生导师W.D.汉密尔顿

（W. D. Hamilton），对我关于演化生物学的理解影响很大，同时也让我接触到了昆虫生活史的奇妙世界。我的学生们，不论是在读本科还是博士，总能给出有趣的评论；而且，他们在书中不少观点的传播上，也起到了很大作用。

我的代理人温迪·施特罗特曼（Wendy Strothman）始终坚定支持本书的写作；尽管安德里亚·舒尔茨（Andrea Schulz）在我策划此书时一直建议"少一点性"，但她仍是一位十分优秀的编辑。我还要感谢几位"真正的"科普作家，他们在我撰写这本科普读物时给了我很多的建议和鼓励。他们是：黛博拉·布卢姆（Deborah Blum）、弗吉尼亚·莫雷尔（Virginia Morell），以及卡尔·齐默（Carl Zimmer）。最后，我还要感谢约翰·罗登贝瑞（John Rotenberry）。身为"鸟人"，他被我硬拉到昆虫世界里折腾了一番，却也（基本上）毫无怨言。他一如既往地支持了本书的写作。

目录

引言：昆虫的生活

我们会像爱自己一样爱两条腿行走的同类，而四条腿的伙伴，在我们的生活中也会有重要的位置。但从人类的立场上看，六条腿就显得有些太多了。

——约瑟夫·W. 克鲁奇（Joseph W. Krutch）

如果你相信《名单录》（*The Book of Lists*）收入的一项 1973 年的调查的话，人们对昆虫的恐惧更甚于死亡。在调查中，只有对在公共场合演讲与恐高超过了对六足生物的恐惧，尽管“经济问题”与“深水”（大概是指浸没在深水中）与昆虫并列第三。人们对死亡的恐惧则排行第六。我并不指望这种情况在现今的社会里会有很大改观，反倒觉得如果把蜘蛛也加入昆虫的选项，对于多足生物的恐惧，一定会轻易冲上榜首。大众对待昆虫一向感情用事，而其中大部分的情感却都是消极的。

尽管如此，在几个世纪里，对这些“头脑简单”的昆虫的研究成了科学史上一些最杰出的科学家灵感的来源。从法布尔（Jean Henri Fabre）到达尔文（Charles Darwin），再到 E.O. 威尔逊（E. O. Wilson），博物学家们沉醉于这类六足生灵既异样陌生又似曾相识的生活史。某些甲虫与蠼螋会照顾后代，萤火虫与蟋蟀，通过闪烁的萤光与振翅鸣叫吸引异性，而蚂蚁社会结构之复杂，能让美国国会的政治结构自惭形秽。科学家们——还有不少业余博物学家（backyard naturalists）——一直孜孜不倦地叙述着它们的故事。

我们所做的并没有止步在发表关于昆虫的科学论文，抑或把它们当作模式物种养在实验室里。昆虫有着其独有的魅力。大鼠与小鼠也是重要的实验生物，而尽管我们还不遗余力地通过童话与卡通对其拟人化，啮齿动物依然不像昆虫那样引人入胜。鸟类自然是美的，我们欣赏它们，用诗歌赞美它们优雅的举止与歌声，但鸟儿却很难像昆虫一般触及我们的身心——不管你是否从字面上理解。当我们谈到昆虫时，我们出版了《鲜为人知的星球上的生灵》（*Life on a Little-Known Planet*），还有《系统中的昆虫》（*Bugs in the System*）。我们虽然对《控制世界的微小生灵》（*Little Creatures Who Run the World*）缄口不言，但我们深知这其实不必当真。研究昆虫的人对昆虫的热爱，是常人所难以理解的。人们能够理解珍妮·古道尔（Jane Goodall）对黑猩猩的热爱；而我对蠼螋的兴趣却很难引起人们的共鸣。

论及个中原因，可以确定的是，关于它们的一切几乎都与我们的常识不在一个数量级上——它们数量庞大，种类繁多，占到了所有物种的80%。因为新物种总在不断被发现，不同科学家对昆虫种类的估计有时相去甚远，比较保守的估计是至少一百万种，而多达上千万种也是有可能的。这意味着一本“每月昆虫”的日历，能使用超过八万年而不重复昆虫种类。接招儿吧，熊猫和小猫咪！在任何时刻，例如你在读这句话时，大约10,000,000,000,000,000,000只昆虫正与你一起生活在这个世界上。昆虫庞大的种类和数量为演化提供了取之不尽的原材料。你可以把所有物种想象成一个巨大的自然餐馆里可以利用的食材。而能用昆虫做成的各式菜肴，肯定会比使用那仅有的几千种鸟类多得多。当然在如此的多样性中也不会缺乏耸人听闻的成分；没有什么能像听说雄性蜜蜂的生殖器会在交配后爆裂一样能吸引我学生的注意力了，而人们听说雌性螳螂会吃掉配偶时，都会不由一震。昆虫世界里一些再平常不过的事件，都能让最阴森的恐怖电影无地自容。

当然，尽管有《名单录》里的调查数据，但并不是所有人都觉得昆虫可怕。有关昆虫的书籍会找到它们的读者，电视上的自然频道也常常以昆虫为主题，而在 2009 年伦敦动物园主办了一届“昆虫主题节”（Pestival），“用艺术赞美昆虫，并成为昆虫的艺术”。主题节包括了文艺、演讲、讨论，还有庆祝与昆虫相关的一切事物。主题日甚至有一项对最近去世的摇滚天王迈克尔·杰克逊（Michael Jackson）的悼念活动：日本艺术家椿昇（Noboru Tsubaki）制作了一件“蔬菜寄生蜂”，根据描述，是“能给予杰克逊在生死两界自由穿梭的力量的寄生蜂茧”。不管这等努力是否能让杰克逊的灵魂得以安宁，变态发育（metamporphosis）是一种能让我们这些非昆虫生物深思的强大能力。当伊莎贝拉·罗塞里尼（Isabella Rossellini）推出《生物交配面面观》（*Green Porno*），一套由她主演，介绍动物交配行为的系列短片时，她就是以介绍昆虫开始的：蜻蜓、蜜蜂、螳螂，还有家蝇。它们独有的吸引力，是其他生物所无法企及的。

到底是什么让我们一次又一次把目光聚焦在昆虫身上？为什么它们能激发如此强烈的情感，而我们通过观察它们节肢动物的生活方式，又会有怎样的启发呢？生物学领域的最新研究发现，关于基因组和神经细胞与它们之间的演化关联，在昆虫的身上得到了最好的揭示。这本书包含了我对这个既陌生又熟悉的领域的赞美，还有关于昆虫学最新进展的介绍。我们仍不断在昆虫身上找到非同寻常却意义重大的发现，甚至时常发现新的昆虫物种。我还没有看过《生物交配面面观》，但如果关于蜻蜓的一集足够贴近事实的话，它应该包含一组雄性用锯齿状的阳茎掏出前任雄性精子，然后补上自己精子的镜头。精子竞争（sperm competition），是来自不同雄性的精子在雌性的生殖道内激烈争夺受精权的现象。这种现象在昆虫中首次发现，同时也研究得最为透彻，而这个领域也时常有新的进展与发现。

昆虫甚至在帮助我们了解心灵控制，或者关于意识本身。绿长背泥蜂（emerald cockroach wasp）是一类外骨骼有着祖母绿金属光泽的小型泥蜂，它们可以做到许多房屋租户们所做不到的事情：控制蟑螂的活动。它们这样做并不是为了肃清厨房里的入侵者，而是为了自身的繁衍。许多泥蜂都会为它们的后代准备麻醉了的昆虫或是蜘蛛，并把它们带回巢穴。这种麻醉与杀死猎物不同的是，能让泥蜂幼虫在猎物上大快朵颐时仍保持食物的新鲜。当然，被麻醉的昆虫是不可能自己移动到泥蜂巢里的，因此许多泥蜂通常不得不亲力亲为，充当起搬运工的角色，携带着麻醉后的猎物飞回巢中。例外的是，绿长背泥蜂的麻醉并不会让蟑螂完全瘫痪，它的神经系统还有六足，仍能维持正常爬行所需。在将猎物麻醉后，正如科普作家卡尔·齐默所描述的，"泥蜂咬住蟑螂的其中一根触角，牵引着猎物，就像牵着宠物狗一般，把它带向生命的终点。"

多年以来，科学家对于这种对神经系统操纵的精准程度一直甚为不解。为何仅通过单次注入毒液，就能达到以色列本古里安大学（Ben-Gurion University of the Negev）与法国地中海大学（Université de la Méditerranée）神经学家拉姆·伽（Ram Gal）与弗雷德里克·利波塞特（Frederic Libersat）所描述的"行尸走肉"般的效果？最终，在2010年，通过一系列对蟑螂神经系统的细致操控，其中包括了模拟泥蜂在蟑螂头部多个不同神经节注射毒液，科学家们发现，蟑螂对多种外界刺激的爬行应答反应是由一小簇称为食管下神经节（subesophageal ganglia）的神经细胞所操控。正如伽与利波塞特所说，泥蜂通过毒素精确麻痹蟑螂神经系统中的这一细小区域，达到"操纵了蟑螂的自由意志"的效果。齐默则把这一研究发现描述为找到了"蟑螂灵魂的栖身之所"。我并不知道自己有多认可蟑螂也是有灵魂的这一表述，也同样不认为那些有幸逃过绿长背泥蜂捕猎的蟑螂，就仍然保有着自由意志。撇开蟑螂不说，人类到底有没有这些概念，我其实也并不很清楚。不过，这项研究也阐明了昆虫最引人入胜的一面：它们能让一些难以捉摸的概念，像是灵魂与自由意志，变得直截了当，容易理解。如果我们能通过破坏一小簇细胞来剥夺蟑螂的自主活动，难道寻找人类复杂行为背后的驱动力还会那么地遥不可及吗？

也许在你的脑海里，昆虫之所以在人们意识中仍有一席之地，仅是因为它们会入侵我们的厨房，吞噬我们的作物，而你并没有发现它们有哪怕是一点内在的神奇。如果你也感觉昆虫的存在平淡无奇，毫无激情可言，我希望能改变你的想法。昆虫的存在不仅是有用的，甚至是必需的，如果考虑到它们在传粉中起到的作用——向我们提供，按照现在时髦的说法，生态系统服务（ecosystem services）——抑或是利用它们的遗传信息来寻找治疗疟疾的线索。这些实际的理由能让你需要某种事物，却并不会让你喜欢它。没有人会否认我们的生活中需要肥皂与石膏板墙，但有谁会想对其中的细节深入探究呢？昆虫在另一面，能帮助我们发现另一种生活方式，了解昆虫就如同一场跨物种的文化交流。旅行能让我们增长见识，是因为它能让我们感受到，我们的处事方法并不是唯一的，在其他不同的文化背景下生活的人们也能用不同的方式把问题处理好。昆虫也能起到类似的作用，而且对我们的提醒效果更好。它们同样能提醒我们，人类社会的生活方式并非世间独一无二的标准——在这里我想说的并不是我们可以用粪便来代替吉士汉堡的位置。我想说的是，就算没有一套道德系统，也是能做到无私奉献的；就算没有一套教育系统，也是有办法能变得精密复杂的；而就算是一身的外骨骼，也是可以追求美丽的。昆虫能用你始料未及的方式撼动你的心灵。而就在最近的几年里，借助基因组学（genomics）这项强大的工具，我们得以更加深入地了解它们的生活。因此，到底昆虫还有多少人们以前没有注意到的方面呢？

昆虫给予我们同等的机会

在昆虫面前人人平等。世界上没有一个角落的人——不管贫富老幼——是没有接触过昆虫的，哪怕只是拍过一只蚊子或是碾死一只蟑螂。正因为昆虫的无处不在，它们是通向动物王国最便捷的门户。不管我们是否愿意接受，它们常在不经意间提醒着我们，其他的生灵正生活在我们身边。我们与昆虫，其实一直在一条船上。

对于昆虫的各种烦扰，我们没有必要一味地叹息、沮丧。昆虫带给我们的平等，也是有积极进步的一面的。如果你对探索自然世界感兴趣，却又因年龄太小或是经费不足，不能仰观星空或是用显微镜观察池塘水中的微生物，身边的昆虫会一直等待你的发现。我在洛杉矶的城镇里长大，并没有机会探索小溪、树林这样的自然环境来完成一个参加科学展览的课题。但在我还很小的时候，我就发现如果我翻开户外六边形的水泥铺路砖，就能发现蚂蚁携带着它们饱满的乳白色幼虫惊慌逃窜，而玫瑰丛中那浑身长刺的小怪物，也终将变成瓢虫。我曾经用院子里的西番莲藤蔓，饲养过银纹红袖蝶（fritillary butterflies）。年复一年，我不觉疲倦地看着它们由卵孵化成细条状的小幼虫，在我的罐子里越长越大，随后把自己倒吊在一根细枝上化蛹，最后羽化成花哨的蝴蝶。这一切并不需要特别的设备，也没有任何我母亲会反对的额外花销。尽管如此，观察的结果也是同样引人入胜的，也许比起我拥有一台天文望远镜，一整套解剖器械，或是能观察狼的社会生活还要有趣得多。

昆虫学平易近人的特性已经延续了几个世纪了。玛丽亚·西比拉·梅里安（Maria Sibylla Merian）是一名德国出生的画家，她的画作每隔几十年就会被重新发现并展览；最近，她的画作刚在洛杉矶的盖蒂博物馆（Getty）展出。梅里安比同时代的博物学家早了很多年，用她的画笔记录了多种蝴蝶、蛾类与其他昆虫的生活史。她的手绘从纯艺术的角度看也是极其精致细腻的，但最能引起我兴趣的是，作为一位生活在 17 世纪末、18 世纪初的女性，她如果仅利用自家花园中生活的物种，在一切其他的科学领域，她都几乎不可能做出科学贡献。她最终旅行前往苏里南（Surinam），研究雾气重重的丛林中颜色艳丽的昆虫，但那已经是在她兴趣早已确定后的事情了。尽管她跟许多其他的女性科学家与博物学家一样，得面对从事这类非女性化工作所带来的种种非议，但正是接触她研究对象的便利性，使她能继续她所钟爱的事业。

有趣的是，昆虫学专业已经成了生物学领域里更偏向于男性主导的一个分支。这也许是因为这个领域跟农作物害虫控制与农业综合经营的紧密联系，而这两者都倾向于吸引男性。但不论如何，这个领域对儿童来说，不管是男孩还是女孩，都仍保有一贯的吸引力，而在我身上发生的一切，也算是一个很好的佐证了。而就算是现在，想在没有大量仪器设备支持的情况下做出重要的科学发现，也并非不可能。日前一组在巴西工作的科学家研究发现，一种毛虫在被某种蜂类寄生后，会在寄生蜂幼虫从其身体中钻出并就近在树枝上结茧化蛹后，继续竭尽全力来保护它们。千疮百孔的毛虫仍旧坚守着岗位，保卫着仍在发育中的寄生蜂。如有入侵者靠近，它便会猛烈挥动身躯，以一种毛虫最不可能做出的行为进行防卫。显然，寄生蜂对其寄主施加了某种精神控制，在它们离开后仍旧奏效。被寄生的毛虫已经注定了死亡的命运，它已经完全没有羽化成蛾的可能性了。

这一毛骨悚然的故事有不少吸引眼球的元素。大多数新闻报道都使用了"巫术"，还有"僵尸"等类似的词汇，而之前提到的绿长背泥蜂例子也是如此。我对这项研究最喜爱的一点则是其发现的过程。这其实只是科学家们在一个番石榴种植园内的观察所得，也从侧面说明了如果你有意识地多留意身边环境，你也能收获怎样的发现。当然，高科技自有它的位置，而我也并不支持回归从前的朴素科学，或是刻意回避 DNA 测序仪的做法。但我对研究昆虫这个领域的整合能力深表欣慰。昆虫不仅为我们铺平了游乐场，它们甚至还提供了玩具。接下来的章节将让你用一种在大多数其他科学领域里绝不可能的方式与昆虫游戏，让你接触到一些不同寻常的新真相。

昆虫如镜

除去它们所有异样的行为，昆虫似乎也和我们有许多共同之处：相遇、交配、争斗、分别，而这一切似乎也是带着喜怒哀乐的。粪金龟会照顾它们无法蠕动的幼虫，做到了几乎人类母亲会做的一切——除了给婴儿一个奶瓶，或是把婴儿车停在电视前。蚂蚁会驯养蚜虫“奶牛”，它们会把“牛群”从一处赶到另一处，并收集蚜虫产生的蜜露作为食物。蜜蜂则能通过符号来向同伴传达蜜源的方位。与任何除人类以外的大多数生物所不同的是，有些昆虫生活在复杂的等级社会中，不同个体分工明确，需要时又能做出符合群体利益的关键决定。昆虫如镜，它们身上反映出了不少我们熟悉的行为。

可是它们办事的方式却与人类迥然不同，虽然最终的目的地看似一致，但中途的过程与路径却没有一点相似之处。我们对昆虫世界里那似曾相识的投影了解得其实很肤浅，因为它们行为背后的驱动力，与我们有很大不同。在母爱、语言、无私社会系统的表象之下，是昆虫体壁内侧由神经细胞松散联结而成的神经节。昆虫没有端脑、左右脑半球、小脑，甚至连所谓的“爬行动物复合体（基底核）”也是不存在的。它们没有垂体，也没有与我们一样的激素控制系统。但尽管如此，一只身体比四季豆还要小的泥蜂（sphecid wasp）能在沙地里挖掘洞穴，并能出外捕捉体型恰到好处的毛虫带回洞中哺育后代。这不仅需要记住洞穴的方位，还需要对洞穴里已经存放了多少条毛虫有所了解。我们中的大多数在野外是连一条毛虫都找不到的，更别说把它们带回按比例有一个小镇距离的指定地点了。一整群蚂蚁，尽管有种种蚁后压制女儿们繁殖能力的明争暗斗，却也能一起生活在一颗橡子内。一只雌性昆虫能在一群疯狂追求的雄性中分辨出歌声、颜色或是气味中最微小的差异，作为选择交配对象的基础。而交配后则能把精子储存几周，甚至几年的时间，并能选择其中某一雄性的 DNA 来给她的卵——仅仅是一部分卵——受精。

但这怎么可能？作为没有大脑，甚至连血液里影响情感的化学物质也与人类迥异的生物，是如何在我们眼中做到似乎能够思考，甚至表达爱呢？我们将人类的情感赋予温血动物，像是狗或是鸟儿是相对容易的，而面对芝麻般大小，在整套神经系统控制下振翅求爱的果蝇，就困难多了。

昆虫告诉了我们一个不易接受的真相：你不需要大脑也能做大事。这让我们不禁疑问，到底精神，或更大胆地说，灵魂，与大脑有着怎样的联系？这甚至让我们质疑，作为人类到底意味着什么？而拥有复杂的行为又意味着什么呢？是意味着很高的智力水平吗？蜂巢里经济的六边形结构，是否与派克大街那气派的红砂岩建筑如出一辙？我们都有固有的偏见，就连科学家对行为的看法有时也难以摆脱“脊椎动物中心主义”的影响。人们会对新喀鸦用树叶制作简单工具，从树干中掏取蛴螬，还有黑猩猩用树枝钓取白蚁这类可塑性行为大惊小怪。于是我们便认为，行为的可塑性是最重要的特质——人类与某些特定物种在面对不同的情况时，能采取不同的对策。我们不是小小的自动机，我们是独一无二的个体。行为的可塑性一跃成了智力的标志，因此也被认为是人类演化中的关键一步。而可塑性经常与脑容量联系在一起，脑容量又因此与复杂行为的产生联系在一起了。

昆虫与我们类似的所谓思维与情感，毕竟也是自然选择的产物。但说到底这无非是残酷剔除遗传信息中细微差异，在上千万年的时间里，通过一代又一代的筛选才得以完成的。不仅如此，昆虫也是有性格差异的，有的个体在新环境下表现得更加勇于探索，而有的个体则畏畏缩缩，看起来十分谨慎胆怯。看来，我们之前的讨论还没有考虑到个体差异这个方面。昆虫让我们质疑了几乎所有支持人类独特性的假说。它们是经过长期演化，大自然赤裸裸的产物。

昆虫如窗

除了像一面镜子，昆虫世界有时候也像一个窗口，透过它们，我们得以想象与我们本质不同的生命形式。昆虫体表覆盖着外骨骼，而短短数日之内，它们就可以完成卵、幼虫直到成虫的巨大转变。昆虫的触角具有听觉与嗅觉功能，但具体机制我们仍了解甚少。某种雄蛾能通过触角感知雌性在几英里[1]外释放的单个信息素分子；而一些蜂类与蝴蝶能看到紫外波长的光线，因此它们能看到不少我们词汇表中不存在的颜色。尽管如此，我会在随后的章节讨论到，昆虫的学习能力比我们之前所认为的要强，而它们的复杂行为则大多属于非条件反射，无须借助经验与训练加以习得。

这所有的不同点说明我们在研究昆虫时，不必像利用鸟类或是兽类作为研究对象那样，总是自觉不自觉地把结果和与人类的亲缘关系联系在一起。正如著名的演化论者理查德·道金斯（Richard Dawkins）在一篇关于智能设计论战的文章中所说，

1 1英里=1.609344千米（公里）。

“很多人无法想象与我们有亲缘关系的不仅是黑猩猩与猴子，其实还有绦虫、蜘蛛与细菌。”我们的这种不愿接受在对昆虫来说也是成立的。想象我们与微生物之间的亲缘关系的确很困难，但想通了也没什么大不了的。在我看来，我们对昆虫认同感的缺失，正是我们能通过它们更好地了解自己的一大优势——我们把昆虫人格化实在是太困难了。

我们对昆虫认同感的缺失让我们——还有它们——都省去了不少麻烦，因为我们不会有意无意地把它们归入它们本不属于的类别。而灵长类，特别是黑猩猩，看上去与缩小版的人类是如此的相似，我们甚至已经没有把它们当成动物。当一只名叫崔维斯（Travis）的宠物黑猩猩于2009年在康涅狄格州斯坦福（Stamford, Connecticut）攻击了一名女性时，人们都震惊了。正如查尔斯·西伯特（Charles Siebert）在《纽约时报》所说，这就像流言中那位人尽皆知的安静邻居突然干出了凶残的暴行一般。“它看起来是如此的温和可爱。”西伯特接着指出，“关于黑猩猩有一样值得一提，就是它们与我们的亲近关系，不论是外形还是遗传因素——这反映出我们内心深处仍有我们不愿接受的兽性，而这对于我们与它们来说都不是一件好事。”

我们看待昆虫就不会有同样的问题。它们实在是太难人格化了，但同时它们表面上却与我们有不少相似之处。了解它们的行为，是对我们不借助人类特有的心理学与遗传学特点来解释动物行为的一大挑战。昆虫为我们研究复杂现象提供了条件——例如人格类型对身体健康的影响——而不必对现象背后盘根错节的机理有过多了解。换句话来说，如果过度刻苦会缩短人类与老鼠的寿命，作为研究人员是很难证明这到底结果是压力本身所致，还是因为像皮质醇这样的激素恰好与两个事例中的压力相关联而影响了结果。但如果过度刻苦在人类与蚂蚁身上导致寿命缩短，那么压力本身所起的作用就更值得关注了。因为蚂蚁并没有与我们一样的激素，或者说任何人类所拥有的感知环境刺激而影响行为的调控机制。

我很少觉得昆虫是可怕的。但是，我一直觉得它们有令人不安的一面，提醒着我们还有另一个世界。有这样想法的可不是只有我一个。达尔文，在叙述他对热带雨林昆虫的观察中说，仅仅是能找到如此多昆虫种类的可能性，就“足以扰乱一名沉着的昆虫学家的心智，动摇其继续探索整个类群的信心”。这其中的一部分原因大概就是昆虫表情的缺失了，而心理学家则将其称为情绪反应——内心活动的外在体现。传神记述苍蝇行为细节的著名昆虫学家文森特·德蒂尔（Vincent Dethier）认为，昆虫表情的缺失阻碍了我们与它们之间的共鸣，“人们对于甲虫或是苍蝇这类头部相对固定的昆虫，内心的共鸣会比像螳螂这类头部能自由活动的昆虫要来得更少一些。”但至少在我看来，缺少与昆虫的共鸣对我们来说并不是一种阻碍，反而是我们的优势。德蒂尔也还说过，“也许如此，正如亚历山大·蒲柏（Alexander Pope）曾经说的，人就是人类研究的适用对象；但尽管如此，了解苍蝇与人类的不同之处，最终也将揭示出关于我们自身的奥秘。”在昆虫性格领域的最新探索，就正在揭开二者之间的联系。

昆虫正开始回答“要做到这点需要什么”的问题。——拥有性格、学习、教导他人，还有改变身边世界的能力。而答案却是卑微而令人费解的，“几乎不需要什么！”说卑微是因为这些生物的神经节只有针头般大小，而令人费解则是因为这就是它们所需要的一切。对于拥有硕大无朋的大脑，还有让人精疲力竭的童年依赖的人类来说，这到底意味着什么呢？

昆虫必不可少

如果人类消失，世界将重新回到一万年前的和谐状态。如果消失的是昆虫，环境将会崩溃，堕入万劫不复的境地。

——E.O. 威尔逊

我们关注昆虫的另一个原因，是因为它们在维持地球环境稳定与人类正常生活中起到了重要作用。昆虫在土壤中活动使其疏松透气，而它们的排泄物也是土壤中养分的重要来源。是它们消化了大量死去的动植物，并将营养重新释放到土壤中。它们通过捕食、竞争与疾病的传播，控制着其他脊椎与无脊椎生物的种群数量。相应地，昆虫也是其他生物的食物来源。但或许昆虫最能体现其重要性的一点是，作为许多农作物与野生植物的关键传粉者。当然，除昆虫以外的生物在上述的活动中也有贡献，但昆虫庞大的数量本身就足以说明它们的重要性了。如果它们消失了，在生态系统中留下的缺口会如此之大，正如威尔逊所说，世界上的其他生命体将无法继续维持正常的生活。

为了更好估计生态系统服务的价值，昆虫又一次进入了科学家的目光。更具体地说，在2006年康奈尔大学（Cornell University）的约翰·洛希（John Losey）与薛西斯无脊椎动物保护协会（Xerces Society for Invertebrate Conservation）的梅斯·沃恩（Mace Vaughan）的研究统计了昆虫提供的四种重要服务的经济价值：传粉、娱乐、埋藏粪便及控制农业害虫的数量。他们之所以选择这些类别，主要是受可用数据所限，而并非因为其"重要性"超过了其他类别。而他们还认为，统计的金额几乎可以肯定是保守估计。统计出的总价是多少？光在美国就超过了570亿美元，而统计中也仅涵盖了所谓的"野生昆虫"的数据，人类驯化的种类如蜜蜂与蚕蛾都没有算入其中。

昆虫在"娱乐"类别中的服务，也许与你一开始的想法会有差距。这并不是指人们捕捉昆虫制作标本的娱乐活动，而洛希和沃恩调查的是昆虫在狩猎、钓鱼，还有如观鸟等野生动物观察活动中起到的重要作用。不少鱼类以昆虫为食，而我们也利用昆虫作为鱼饵。供捕猎的鸟类，如松鸡与野鸡，还有鸭、鹅等水禽，都依赖昆虫为生。如果没有蛴螬、苍蝇与甲虫，所有这些春天的使者们——像是柳莺、鹟、啄木鸟和雨燕——都会消失得无影无踪。

埋藏粪便也许不是一项引人瞩目的服务，但就算我们把自己的生活污水处理问题搁置一旁，不可否认的是，任何生物都会产生废物。而正如儿童书籍中稚嫩的表述，这些废物是总得有个去处的。如果不是因为昆虫，这些废物将一直堆积在土壤表层，或是漂浮在水面，其中富含的氮元素将无法进入土壤之中，而其本身也为致病菌提供了繁殖场所。牛不喜欢在被粪便污染的草场上逗留。通过把牛粪埋入地下，粪金龟的到来改善了包括美国在内，世界各地许多牧场的环境。它们被引进了并非原产地的澳洲，来帮助处理 18 世纪晚期带入澳洲大陆的牛所产生的巨量粪便。我一位在西澳首府珀斯居住的朋友，参与了一个名为“粪金龟十字军东征”的政府资助运动来应对家畜粪便问题，而他们的工作就包括了带着装有粪金龟的桶在郊野地区活动。

昆虫在传粉中的作用特别值得一提，不仅是因为服务本身的重要性，还因为最近蜂群数量骤减的现象，让这个话题更为适时了。在 250,000 种现存的有花植物中，超过 218,000 种，包含了 80% 的农作物种类，依赖以昆虫为主的传粉者繁衍生息。在洛希和沃恩引用的一篇文献中写道，美国人的饮食中约有 15% 到 30% 需要动物传粉者。在一份由汉堡、薯条和奶昔组成的普通套餐里，大部分食材在某些阶段都需要昆虫的参与。尽管面包里的小麦利用风传粉，但其他植物，从生产酱瓜的黄瓜到牛吃的草料，都由昆虫授粉。法国蒙彼利埃大学（University of Montpellier）的尼古拉·加莱（Nicola Gallai）和她的同事估计，世界范围内传粉者产生的经济价值约有1530亿美元，并指出这已经接近2005年世界人类食物总产值的10%了。更形象地说，亚利桑那州“被遗忘的传粉者运动”研究人员在计算后得出，在我们所吃的每三口食物里，就有一口源于传粉者的功劳。我们一提起传粉者总是首先想到蜜蜂，但上百种其他蜂类也在为农作物授粉，这包括了果园壁蜂（blue orchard bee）、回条蜂（southeastern blueberry bee）、长须蜂（squash bee）等本土蜂类。蜂类的重要性，绝不仅仅是生产蜂蜜而已。

昆虫行踪隐秘

尽管有上述的种种价值，不可否认的是昆虫从来没有被昆虫学家归为所谓的“魅力十足的大型动物”——像是大象或是鹰等大型而富有观赏性的动物，既能吸引大众的眼球，又能成为生态保护主义者口中的案例。当鲸变成了濒危动物，人们会希望通过立法保护它们，更有甚者，会在风暴中摇摆不定的船只上抗议。而当一种蝴蝶濒临灭绝，人们则往往一笑置之，而这已经是在他们感到同情时的态度了。在我居住的南加利福尼亚，濒危物种常被当作政治皮球。上千万美元的房地产开发计划的成功与否，可以取决于将要开发的土地上濒危物种是否存在。而当德里沙蝇（Delhi Sands flower-loving fly）也被推到风口浪尖时，人们脑海中浮现的并不是它们振翅掠过沙丘时声音悦耳的景象，而如果把物种换作鹰，大概他们的想法便会如此了。这不仅说明了蝇类在大众脑海中总与害虫的形象联系在一起，而且它们对于很多人来说是隐秘无形的。我们有什么理由挽救我们从没见过的东西呢？

然而，这种常被忽视的特质，这种在人们眼皮底下进行非同寻常活动的能力，正是昆虫世界吸引像我这样的人的原因。在1991年，演化研究学会（the Society for the Study of Evolution）在夏威夷大岛的希洛镇（Hilo）举办年会。我与会的原因和一般科学家参与学术研讨会的原因并无二致：研究人员将在会议上做关于研究最新进展的演讲，我可以与许多老相识和老同事重聚，而研讨会也是我寻找研究生与科研合作者的好机会。除此之外，我以前从未去过夏威夷，从活火山到夏威夷独有的鸟类，都是我所期待的。

我因此决定早一点到夏威夷大岛（the Big Island），在会议开始前让自己在岛上待一周左右，放松身心。我从研究生时期就一直在关注蟋蟀和它们的寄生虫，因此很自然地，至少这一次，对夏威夷蟋蟀的观察会成为散心的一部分。我在希洛镇的一位曾在夏威夷大学（University of Hawaii）进行博士后研究的同事，曾跟我提起，一种外来蟋蟀（*Teleogryllus oceanicus*）在校园草坪与空地上很常见，因此我决定采集一些样本，解剖寻找寄生虫。现在回想起来，我也诧异于为何当时会把那也当作一种娱乐活动！但不论如何，在会议开始前的一周里，我与我那备受折磨的老公就常出没于大学图书馆附近的草坪上，顶着头灯，在黑夜中寻找蟋蟀。

蟋蟀的生活通常十分隐秘，雄性在鸣叫求偶时，一般会把自己藏在洞穴或是落叶堆里。但在这里，我们不时发现在草坪上大胆游走的雄性蟋蟀；而更奇怪的是，它们并不鸣叫。雄性的鸣声是吸引异性的唯一方法，而吸引异性对于蟋蟀，或者对任何昆虫来说，就是生命存在的意义。以上的观察结果让我十分不解，到底这些沉默的雄性有何打算呢？

通过我对科学的敏感性，我第一次也是唯一一次让我的生物学家老公留下了深刻印象，我对他说："在我的脑海中只有得克萨斯州的蟋蟀会有类似行为，在那里蟋蟀有一种循声定位的寄生蝇天敌；但我从没听说夏威夷的蟋蟀也有同样的烦恼。我想我应该在这方面多注意观察才是。”

正如你所猜的一样，第二天我在解剖前晚捉到的蟋蟀时，便发现一条奶白色胖蛆从其中一只蟋蟀的体腔中钻了出来，就像惊悚版的玩偶木盒一般。接下来的研究肯定了之前的推测，不仅是在希洛，还有可爱岛（Kauai）与欧胡岛（Oahu）上的蟋蟀，在鸣叫求偶时吸引的可不单是多情雌性的注意。同时，它们冒着被心怀不轨的寄生蝇发现的危险。一旦雌性寄生蝇发现了鸣叫中的蟋蟀，便会循声而至，在它们身上产下细小的幼虫，大多数情况下是一条，但有时会有两三条之多。幼虫随即钻入蟋蟀体内，在蟋蟀还活着时，缓慢地从内部将其掏空。一开始蝇蛆主要取食蟋蟀体内储存的脂肪，但随着蝇蛆在蟋蟀体内越长越大，它会占据蟋蟀的整个身体，从头到尾，吃掉蟋蟀的许多内部器官。到了这一阶段，我们看到的蟋蟀只是行尸走肉般的躯壳罢了，而在体内则占据着一条勃动的蝇蛆。

我之所以对这一毛骨悚然的过程感兴趣，有不少原因。但最主要的是因为这一过程形象地描绘了雄性蟋蟀在演化中所遇到的矛盾局面：鸣叫求偶是极端危险的，因为雄性得冒着引起寄生蝇注意的风险，但鸣声却又是吸引异性的唯一方式。在希洛的那一周时间让我开始了一项往后从未中断的研究课题，试图了解到底演化的力量是如何帮助蟋蟀脱离窘境。当然，夜晚是我们的工作时间，在夜深人静时观察草丛中上演的精彩一幕。我在蟋蟀的身上了解了很多，而自始至终，我一直觉得自己拥有一个天大的秘密，岛上的其他人，在细品鸡尾酒或是躺在沙滩上晒太阳时，都没有注意到它的存在。

当然，我充分理解大众的认知程度，这是再正常不过的情形了。而了解一条白胖、覆盖着黏液的蝇蛆像幽灵般从其他生物的体内钻出来，对改善他们在夏威夷的印象是没有半点帮助的。但对于我们之中的某些人，这种能接触到一个隐秘世界的感觉，正是昆虫世界一直吸引着我们的原因。在这个课题展开几年后，我把我的研究生罗宾（Robin）带到岛上进行蟋蟀研究，在她的第一次考察中，我们设下了一个诱捕寄生蝇的陷阱。因为它们对蟋蟀叫声有着执着的追求，想要采集这类寄生蝇相对而言并不困难。我们需要做的就是用一个扬声器反复播放蟋蟀鸣声，并在扬声器前放置一块挡板；挡板上涂有一层有黏性物质，因此寄生蝇一旦撞板，便插翅难飞了。

我们打开录音机，坐到几码外的长凳上等候结果。大约二十分钟后，我让罗宾去检查挡板的情况。她是跑着回来的，看上去很是激动。挡板上点缀着十多只寄生蝇，它们沮丧地扇着翅膀。但罗宾并不满足于实验的顺利，她还有自己的惊讶与疑惑。板上粘住的寄生蝇并没有想象中那么小，只比一般家蝇稍小一点。但她以前却从来没有发现过它们。她想知道，到底它们平时都躲到哪里去了？

这其实很简单，我回答道。你之前从没有见过它们，是因为你没有它们想要的东西。但现在你已经知道它们就在这里，还有它们正在干什么了。以后事情的发展肯定会和原来大有不同。

让我们一直想要了解昆虫生活的原因，正是这种在旁人毫无察觉的情况下，能发现在人们眼皮底下，上演的错综复杂的台台好戏的感觉。它们的故事让人难以置信，每一个生命周期，每一种求偶仪式，都比上一种更加非凡，而同时却又都是真实存在的。这本书接下来将会把读者带到大多数人没有机会切身了解的领域。科学家们利用像蛋白质组这样的新技术与埋头草丛观察行为的老方法，揭示着它们的秘密。我们正在转变关于学习能力、个性的本质与基因真实功能的认知，而这一切都离不开昆虫，还有昆虫对我们自身的揭示与反映。

作家在小说中描绘了平行宇宙，他们思考着超自然现象的可能性，甚至逝者的灵魂，也能在我们中间穿行。能瞥见另一个世界的能力总受到喜爱涉猎超自然现象作品的读者追捧。但当你能看到活生生的昆虫时，谁还需要能看到死人的超能力呢？

第一章　如果你这么聪明，怎么还会不富裕呢？

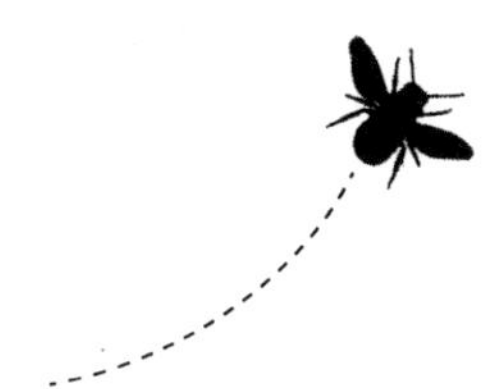

昆虫的学习能力

19 世纪著名的法国博物学家法布尔曾仔细观察过身边的壁蜂（mason bee），他惊异于它们用黏土为无助的幼虫建造巢室。在正常情况下，当新羽化的壁蜂准备破巢而出时，它会用上颚开道，并最终从咬开羽化孔中钻出去。但法布尔——与古往今来注重细节的科学家一样——希望通过观察壁蜂在羽化中如何克服各种对巢室结构的人为改动，来检验壁蜂的思考能力。首先，他把巢室中的黏土壁部分移除，以纸片代替，试图阻挠破巢过程。而壁蜂对此并不介意，它用与啃咬黏土壁一致的一整套动作，轻松地通过了纸片障碍。接下来，法布尔给这些刚羽化的壁蜂设下了不止一道，而是两道障碍：一道是通常情况下的黏土壁，另一道则是置于黏土壁前半英寸[1]处的纸片。因此，壁蜂需要将啃咬黏土壁的程序在第二道障碍物，也就是纸片上再重复一次。然而这一次壁蜂却被难住了，它们徒劳无助地敲击着它本能轻易咬开的纸片，无法完成这项看似简单的工作。壁蜂似乎无法完成脑中预设程序以外的动作，而两层障碍对壁蜂而言是闻所未闻的。我们现在知道，它们缺乏的是神经网络中的定位系统（如果新的障碍物出现，重复步骤 A 到 G，直到成功破巢而出），而这恰恰是具备应变能力的必要条件。法布尔对壁蜂的表现并不满意，他写道："它只需把刚完成的一套动作，那一套它一生没指望会做第二次的动作，重复一次就行了。简而言之，它必须把一套完整的程序分两次完成；然而壁蜂却连这一点都做不到，我想这是因为它根本就没有想过这样做的可能性。壁蜂最终在挣扎中力竭而亡，因为它缺乏哪怕是一丁点智慧的流露。"

后来的科学家们也同样的傲慢，以高高在上的姿态，承认尽管有不少昆虫能完成非同寻常的任务，它们却无法和我们人类一样，从经验中学习。在19世纪末，英国医生大卫·道格拉斯·坎宁安（David Douglas Cunningham）被调往加尔各答（Calcutta）

1　1英寸=2.54厘米。

的印度医疗服务部门（Indian Medical Service）工作。他不仅把精力放在对传染病的病理性研究，还对当地的动植物进行了细致的观察。他已经准备好承认，一些用麻痹毛虫和其他猎物喂养后代的蜾蠃（译注：一种大型蜂类），因为复杂的行为，在他看来似乎拥有某种程度的智慧。但与此同时，他也热衷于对蜾蠃进行“恶作剧”。雌性蜾蠃会在各种物件上修建泥质蜂巢，其中也包括了他关注的一根管子。坎宁安中校对趁蜾蠃外出捕猎，把管子从原来的位置移开一两英尺[1]的做法乐在其中。他曾写道：“当看到雌蜂回来发现巢已经不知去向而惊慌失措时，别提多有意思了。它会不停地四处寻觅，直到最后心满意足地重新找回自己的爱巢。”我们当然可以想象一个人得沦落到怎样的境地，才会以跟蜂类开玩笑为乐。但不管怎样，在坎宁安的文章中流露出的自鸣得意，与大部分早期博物学家的文章一脉相承。无法找到被移动过的东西，抑或是无法辨认环境中新的变化，大抵说明了昆虫，不管能否建造复杂巢或是找到几英里之外的花源，都有着一颗愚笨的内心。

但事实上，就算在这个领域，我们对自身独一无二的特质似

1　1英尺=0.3048米。

乎也有些过分自信了。昆虫的智慧，至少是在性质上，也许与我们的并没有多大不同。这是一个对很多领域，从制造更好的电脑和机器人到找到潜在的治愈脑损伤的方法，都有现实意义的发现。同时，这也挑战了我们对自身巨大脑容量功能的许多固有观念。

聪明的昆虫

至少在博物学家眼中，智慧昆虫的候选名单里，一定会有蜜蜂、胡蜂和蚂蚁的名字。一方面，这是因为它们很常见——在我们的花园与厨房里——而且它们看似永远在忙碌中，像是寻找食物带回巢去，而这类行为似乎需要依赖于某种类似思考与推理的能力；另一方面，它们大多是社会性昆虫，就像我们在相互交流中，人类智慧也起到了关键作用。最后，这也许与这类昆虫利用生存环境中各类材料的方式有关，不管是胡蜂利用嚼碎的木浆建造纸质巢室，还是蜜蜂从花上采集花粉，装到腿上自带的购物袋（译注：携粉足胫节的花粉篮）中。不知怎么的，拥有财产的动物似乎看上去就更聪明，这也许跟我们自身对物质财富的重视有很大关系吧！

法布尔、坎宁安，以及不少其他博物学家对独居性胡蜂与蜜蜂都特别关注。这些马蜂与蜜蜂的亲戚并不生活在拥有蜂后与工蜂品级的社会结构中。相反，一旦交配完成，雌蜂会独自寻找像是毛虫或者大型蜘蛛这样的猎物。当猎物捕获后，它会通过尾刺注入毒液将猎物麻痹，同时又不至于把猎物杀死。这是一种能长期保持猎物新鲜的方法。它会把猎物拖回巢去，产下一粒卵。而巢穴也许是地下挖掘的隧道，或如坎宁安捉弄的在管子上建巢的蜾蠃一般，把巢建在其他的物体上。等到卵孵化后，幼虫便能吃到早已准备好的新鲜食物了。依据种类的不同，雌蜂有可能会多次返巢，往储藏室里添加猎物，或在新增的巢室里产更多的卵。

尽管这类行为有恐怖的一面，但这类独居胡蜂无可否认的，需要调用拥有智慧的两个先决条件：学习与记忆能力。雌蜂必须记住巢穴的地点，找到足够数量的大小适合的猎物，还有，每次能顺利找到回巢的路——有一种独居胡蜂，雌蜂带回的猎物数量与幼虫的饥饿程度有关。这一切不可能是生搬硬套的结果，因为每一个巢都是新建的，每一个巢室也都需要区别对待，而每一只猎物，在垂死挣扎的过程中也各有不同。这类胡蜂似乎会利用地标来为巢穴定位，就像通过街角星巴克的位置，来帮助定位住址一样。但如果地标被移动了，雌蜂会在附近来回盘旋，就像坎宁安所捉弄的焦虑蜾蠃一样。话说回来，如果相似的情况发生在我们身上，正如上面提到的咖啡店突然腾空而起，消失得无影无踪，而如果我们喝完一杯拿铁刚想续杯时，同样也会在周围四处寻找，无法相信眼前的一切吧！

比起这类胡蜂行为更加令人咋舌的是它们善于钻空子的同类。这类寄生性胡蜂对寄主嗷嗷待哺的小幼虫并不感兴趣，而它们关注的是寄主存放在巢中储存室里的毛虫。这类寄生性胡蜂并不会外出亲自捕猎，而它们的做法是把卵产在寄主为自己下一代准备的猎物上。可问题是，对于它们来说，作案的时机相当短暂，只有在第一种胡蜂拖着毛虫回巢的间隙。因此，与其相信命运的安排，相信能幸运地找到恰好拖拽毛虫的寄主，这类寄生性胡蜂采用的是一套积极侦察的策略。它们会在寄主（为幼虫储备食物的独居胡蜂）可能掘穴筑巢的地方盘旋，而这其实也需要花去大量的时间精力。一旦发现目标，寄生性胡蜂便会记住其巢穴的位置，并加强对该地的监视。通过这种方式，寄生性胡蜂得以发现寄主往巢中拖食物的时机，但通常都是几天以后的事情了。时机一到，它便伺机溜进巢内，匆忙地在毛虫身上产下自己的卵。（译注：许多独居胡蜂只会在一个巢中存放少量猎物，而且会在产卵后将洞口用石块堵死，因此寄生性胡蜂产卵的时机很短暂。)

另外的一些寄生蜂会把卵产在格纹蛱蝶（checkerspot butterfly）的卵中。但值得关注的是，卵只有在蝴蝶一龄幼虫已经发育完全，但还没有出壳的那几个小时中才能被成功寄生。寄生蜂克服种种困难，提前记住了蝴蝶卵的位置，并监视它们的发育情况直到条件适合寄生为止。因此有的寄生蜂一旦发现卵，会在其后的三周时间内持续回访，而这已经占到了寄生蜂寿命相当长的一部分。

胡蜂与其近缘的社会性昆虫并不是唯一能够学习新事物的昆虫。胡蜂捕猎的对象，像是毛虫与蝴蝶，也具有学习能力。而且它们能通过上一代在何种植物上产卵，养成对某些特定寄主植物的偏好。了解这样的偏好不仅拥有学术价值，因为一些为害农作物的毛虫，例如我们熟悉的菜粉蝶幼虫，能学会进食多种十字花科植物；企图用种植花椰菜来防备吃菜花长大的菜粉蝶是徒劳的。有趣的是，不是所有的蝴蝶都能够学习进食其他植物；格纹蛱蝶（checkerspots），东方虎凤蝶（eastern swallowtails）与一种袖蝶属蝴蝶（Heliconius）似乎都不太会变通。你可以用特定的寄主植物饲养它们，但如果你试图训练雌蝶在其他种类的植物上产卵，雌蝶会很执拗地拒绝。也许，与其说它们愚笨，不如说这是它们对品牌的忠诚，像是就算可口可乐大减价，仍然执意要买百事可乐的人一样。

父母们常抱怨子女一生下来嘴就很刁，也没有办法教会他们学着吃健康的零食。但蚱蜢（grasshoppers）与其他近缘的蝗虫却能通过学习了解不同植物的营养价值，并主要吃营养价值最高的几种植物。在实验室里，蚱蜢能通过吃人工合成的小块食物存活，就像马拉松运动员长跑时消耗能量啫喱一样。在一项研究中，被试蝗虫的食物中要么缺乏蛋白质，要么缺乏可消化的碳水化合物。实验中一种食物通过黄色管道递送，而另一种食物通过绿色管道递送。通过一段时间的单一饲料喂食，实验者让蝗虫吃了几天营养均衡的饲料，确保它们不至于营养不良。接下来，实验者让蝗虫挨饿四小时，因为它们一般都在不停地进食，这对它们来说算是很长的时间了。而后蝗虫们被放进一个实验箱中，箱子里有黄色和绿色的管道，但里面却没有相对应的饲料。实验发现，蝗虫会根据自身营养物质的失衡情况，向能提供均衡营养食物的管道爬去。这项实验的妙处不仅是验证了蝗虫拥有某种对自身营养要求的整体性感知，更是因为验证了它们能够通过学习把颜色与营养失衡情况结合起来。小屁孩们，你们可记好了。当然得承认，这些研究人员并没有让蝗虫在它们眼中的奶油夹心饼与豆腐之间进行选择，但话说回来，我还真不知道到底谁能确定，昆虫眼中的垃圾食品会是什么样子。

很早以前我们就知道，蜜蜂能利用地标和相互间的信息交流进行导航以寻找食物，而其中的细节我也会在以后的章节里着重讨论。但最近，科学家又有了一项值得一提的发现：他们发现蜜蜂能数数。对物件进行抽象的算术运算，在科学家眼中是衡量智慧程度的黄金标准之一。有好几种灵长类，一些其他的哺乳类，比如海豚和狗，还有心理学家艾琳·佩珀伯格（Irene Pepperberg）的非洲灰鹦鹉亚历克斯（Alex），都曾表现出了能数数的天赋。然而，当你在思考数学运算的时候，你是绝不会想到昆虫的。堪培拉澳洲国立大学（Australian National University）的研究人员玛丽·达克（Marie Dacke）与曼达耶姆·斯里尼瓦桑（Mandyam Srinivasan）训练蜜蜂利用墙上和地板上的标志，指引其飞过一条隧道获取食物。想要得到食物，蜜蜂不能仅仅记住标志的位置，因为科学家会把整组标志每五分钟进行一次随机重排。因此，蜜蜂必须得学到，在不同的实验中，食物会出现在 1、2、3、4、5 五个标志中某一个的底部。对蜜蜂来说，数到 4 还是比较容易的，但要上升到 5 便很有挑战性了。

不管怎样，蜜蜂竟能概括抽象的数字本身，而不是简单地一直飞，直到看到之前熟悉的地标，本身已经是一项令人瞩目的成就了。

蜜蜂的能力之所以让人兴奋，不仅是因为它模糊了是否拥有脊椎骨与智慧之间的界限，也是因为，为了让这类与我们如此不同的生物表现出数数的才能，在实验设计上我们得花不少脑筋，我们只能巧妙地利用它们最基本的需求。想要测试你三岁的孩子能否数数是一回事。然而，当测试对象既不能说话，不能两条腿行走，也无法指认任何东西，甚至不能像大多数人一样，被想要的东西激励时，你得想出怎样的测试手段，来验证它们能否数数，或者整体的学习能力如何呢？如果我们能找到研究这些存在上述局限性动物的方法，那么，这也许能帮助我们更有效地测试残障人士，甚至设计电脑程序来弥补各种缺陷。

找到测试昆虫智慧水平的确切方法，从某种角度来说，对它们是有意义的，但对我们而言却是一项艰巨的挑战。加拿大麦克马斯特大学（McMaster University）的生物学家鲁文·杜卡斯（Reuven Dukas）广泛研究了许多昆虫类群的学习能力，他认为我们也许仅仅触及了冰山一角。毕竟，如果昆虫没有学到什么东西，他说道，就像老师间常说的一样，“是因为我不是一个好老师呢？还是因为昆虫就是学不进去？”想要知道某种动物能完成怎样的任务，并将其中的普遍性规律在其他物种上测试，一向都并非易事。爱丁堡大学（University of Edinburgh）的简·韦斯尼策（Jan Wessnitzer）与同事的研究表明，我最喜欢的昆虫，蟋蟀，能通过测试箱内壁上贴着的一张照片作为参照物，来定位测试箱底部的某个特定位置——其中最佳的参照物照片是一张十分荒凉的风景照，看上去像是在美国西南部的沙漠里拍的。在实验训练中，他们的方法是把实验箱底部加热到让蟋蟀坐立不安的温度，而只留下一块依然凉爽的区域供蟋蟀歇脚。他们没有给出任何解释，只是把这种现象称为田纳西·威廉斯（Tennessee Williams）行为模式。（译注：参见剧作家田纳西·威廉斯的著名作品《热铁皮屋顶上的猫》。）

脸看着熟悉，但触角呢？

与食物来源相关的学习是一回事，因为这对于昆虫，或许特别对蜜蜂而言是一件很自然的事情。但科学家指出，我们能教会昆虫解决复杂得多的任务，而有时候这与它们日常的需要之间并没有直接关系。比如最近，澳洲国立大学的张少吾（Shaowu Zhang）和他的同事们通过训练，让蜜蜂能做出极其精确复杂的决定。实验中，如果蜜蜂选择了某张印有特定图案的卡片，就会得到奖励，但所谓“正确”的选择，与当时是上午还是下午，蜜蜂是正在出外采蜜的路上还是回程的途中，或者这两者的结合有关。蜜蜂需要花一段时间学习它们的任务，但它们最终找到了要领，这在认知领域里是一项重大的发现。这项实验测试了来自澳大利亚与德国实验室的蜜蜂，而对于国际外交而言，皆大欢喜的是，两者在任务中的表现大致相当。

但与接下来描述的蜜蜂的这项成就相比，从几个图案中记住正确图案的能力就略显苍白了：蜜蜂能通过学习，辨认出不同人的面孔。澳大利亚墨尔本拉筹伯大学（La Trobe University）的艾德里安·代尔（Adrian Dyer）与本校和英国剑桥大学（Cambridge University）的同事们在实验操作中，如果蜜蜂飞向一张特定的照片，就会得到喝一口糖水的奖励，而这也是研究人员实验中常用的技巧。这个实验不同寻常之处在于使用的图片：从收集的照片中拿出一张真人的黑白照片，同时把这个人的照片加以颠倒；另一张是手绘的图像。并不是所有蜜蜂都能把这道题目做对，但在测试中表现优秀的蜜蜂，能在初期训练后的几天内仍记住那张真人的脸。代尔并没有试图暗示蜜蜂事实上“知道”看到了什么，或是它们每天都监视着周围人的活动，与会对养蜂人产生情感上依赖的可能性。由于神经系统的局限性，它们不可能拥有和我们一样的认知能力。相反，代尔相信蜜蜂之所以能认出面孔，也许和它们采蜜时需要区分不同花朵的切实需要有关。换句话说，蜜蜂区别耧斗菜（columbine）与雏菊的能力，也能用在区分高鼻梁与塌鼻梁的照片上。代尔通过更深入的研究表明，蜜蜂能区分非常类似的两张照片，比如两张仅仅是枝干的指向不同的森林照片。而这样的能力也许能让蜜蜂在回巢的旅途中更加顺利吧。

不管蜜蜂如何或是为何可以辨认人脸，蜜蜂的这种能力有不少重要的启示。人脸识别一直被认为需要大的脑容量支持，而心理学家们甚至推测，人类大脑中有一块特定的区域，专门从事这项工作。但与人类和其他脊椎动物相比，蜜蜂的脑中没有任何类似的结构。因此，所谓的特定的区域也许并没有之前认为的那么不可或缺。正如曼达耶姆·斯里尼瓦桑所说，“有时候我会想，我们头顶着两公斤的大脑都在干些什么。”

除了进一步模糊人与昆虫之间的界限外，这类发现也有现实意义。计算机化的人脸识别对于公共安全与破案部门来说，都是极有好处的。而了解蜜蜂辨识人脸背后的机制，有可能会对这类程序的设计优化提供启示。我脑中一个有趣的想法：在机场，一只经训练的蜜蜂在透明的箱子里，对比着乘客的照片来审查通缉的恐怖分子。而这到底是否会比现在正使用的方法效果更好，则是一个有趣的问题。

在我们人类自己本身，有的人也无法辨别其他人的容貌，这种情况被称为面容失认（prosopagnosia）或是脸盲，而这被认为是一种遗传缺陷所致。有一种估算表明，在人群中大约有2.5% 的人都有不同程度的脸盲，其中一些面容失认的患者能区别不同的动物，但却区分不了人；珍妮·古道尔据说就是这种类型的患者。面容失认症的病情可好可坏，有的人只在某些情况下受影响，而在其他情况下表现正常。而严重的病例，病人甚至认不出照片中自己的脸。这类症状似乎与方向感的缺失也有着密切关系。这意味着蜜蜂也许是研究这类病症的绝佳模式物种，因为很显然，蜜蜂在定位蜜源的导航与记住蜂巢的位置方面是当之无愧的超级明星。现阶段还没有人成功破解蜜蜂辨认面孔背后的机制，但如果这也和蜜蜂在野外导航能力相关，了解蜜蜂的各种能力便有可能帮助人类攻克自身的面容失认问题。

热衷教导的蚂蚁

我们与其他动物一样，有能从身边事物中学习的能力，就像代尔的蜜蜂或是能记住巢附近石块的独居胡蜂一样。但我们当中的大多数都不会忘记在学校里向老师求学的时光。昆虫也许缺乏教室与课本，但越来越多的迹象表明，它们也能从老师处学习，甚至能充当老师的角色。

在日常运用中，"传授"这个词通常描述了信息从某一个体转移到另一个体的过程。小男孩看到他姐姐喂餐桌下面的狗，很快便学会了用同样的方式处理掉自己不想吃的花椰菜。依据这样的定义，就算是观察者习得，碰巧看到的另一种动物的行为，也符合定义。当你看见一群人从燃烧的建筑物中仓皇出逃的场景，也许就学到了在火灾中得快速离开火场的道理，但那一群人事实上算得上是你的老师吗？就算是达尔文也曾提出，许多动物，包括昆虫在内，也会这样做；蜜蜂，他指出，能跟着另一只工蜂飞到蜜源地。如果蟋蟀被放入实验箱，而箱中有其他曾为躲避捕食性蜘蛛而藏身落叶下的同类时，它们也更倾向于找个好地方把自己藏好。但这种利用公共信息的形式似乎与真正的传授教导相比，显得有些随意。动物心理学家们对此有着更加严格的定义，通常需要在传授时，有天真的观察者（不清楚如何完成待传授内容的一方）在场。这就意味着尽管雄性白冠麻雀（white-crowned sparrow）的歌声是从它父亲处学到的，但它的父亲并没有把歌声传授给它，因为成年的麻雀不管子女是否在场，都会自顾自地歌唱。传授的另一个特点是在帮助观察者学习时，老师会有额外的付出，而这在通常是给学生演示时所花掉的时间与精力。

在自然界里，想找到符合这一狭窄定义的行为，难度之大可想而知；而且，直到最近科学家基本都没有发现真正意义上动物教学的实例。然而，就在过去的几年里，研究人员终于找到了三个例子——分别存在于一种鸟类，一种哺乳动物（猫鼬），而最后一种，难以置信的是，在一种蚂蚁中。人们通常都会对为何选中这一组生物感到奇怪，觉得在灵长类里，除了人类以外，肯定还有其他物种在自然条件下存在教学的情形。但至少从现在的情况看来，答案仍旧是否定的，而这同时也暴露了我们内心的人类中心主义倾向。我们只希望看到，或者授予那些我们认为与人类最接近的生物特别的品质。传授行为在蚂蚁中出现，却不见于猴子与猩猩，在让人们不安的同时，也是我之所以热爱研究昆虫的原因：这一切都是殊途同归的结果。

每个曾与向糖罐蜿蜒前行的蚂蚁长队打过交道的人都会知道，蚂蚁会跟随同伴前往食物所在地。它们的长队看起来总在无休无止地前行，一只跟着一只。它们也许是在跟随之前觅食蚂蚁留下的气味，但似乎并没有过多在意身边的同伴，就像同一车地铁上的乘客一样。同伴留下的气味的确在指引蚂蚁到食物所在地的过程中起到了重要的作用。而至少有一种蚂蚁，单一的工蚁会主动召集另一只蚂蚁跟随它到新的食物或者巢穴地点，这种行为称为串联式跑动（tandem running）。带头的蚂蚁在前面爬，而跟随的蚂蚁会不时用触角与带头蚂蚁保持交流。如果跟随的蚂蚁落下了，带头的蚂蚁会原地等候，直到它重新赶上。而如果领头的蚂蚁独自行动时，则不会在这类事情上花时间。因此，这也让蚂蚁的行为满足了上述的定义。根据埃利·莱德比特（Ellouise Leadbeater）与她在伦敦大学玛丽女王学院（Queen Mary, University of London）没有直接参与本研究，但同样研究类似昆虫社会性行为的同事所说，“串联式跑动中带头与尾随蚂蚁之间亲密的程度，乍一看满足了家长教孩子学骑自行车的全部特征。”被带领到食物所在地后，原来跟随的蚂蚁也可以独自找到目标了，这说明它的确从带头的蚂蚁处学到了东西。

这是一个大新闻。作为一项成就，这也许不能与让高中生了解莎士比亚文字之美相比，但这表明就算是蚂蚁也能对同伴的反馈做出响应，从而改变自身的行为，提高工作效率。反馈让传授与所谓的告知有所区别，因为事实上，告知就如同一只个体说："嘿，厨房桌子的北边角落处有一摊果酱，咱们在那儿见。"随后便独自向食物进发。因此，这种行为让科学家们思考他们应该如何定义学习、教导和二者的先决条件。有的研究人员觉得，由于蚂蚁并没有提高它们所教导的同伴的技能水平，而只是简单地给它们的学生带路，这样的行为不能算是真正意义上知识的传授。但在一篇名为《蚂蚁是敏感的老师》的论文里，研究串联式跑动现象的首席科学家托马斯·理查森（Thomas Richardson）与他在英国布里斯托尔大学（University of Bristol）的同事们解释道，对于蚂蚁的行为是否算得上是"真正意义上"传授知识的争论，也许其实是在"深挖人类自身在知识的传授中的独特之处……我们因此应该忍住钻牛角尖的冲动，不要老是想到那些最奇异的极端的例子。例如用我们人类自身的传授行为来定义一种也许在自然界中广泛存在的行为"。换句话来说，当我们发现蚂蚁中有类似于传授知识的行为时，我们不应该因此把这个概念重新定义，让我们人类成为唯一满足条件的物种。而且，只要我们放下成见，像蚂蚁这样的潜质也许还能在不少其他动物身上也发现呢？

聪明人干聪明事

蚂蚁的天赋异禀先撇开不谈，如果学习能力甚至是智慧在动物中广泛存在，那么为什么我们的内心会如此不同？为什么我们会说乌鸦、浣熊与海豚具有智慧，而鸡和牛就蠢呢？另外，越聪明是不是就越好呢？如果真是如此，为什么不是所有的生物都向着更聪明演化呢？

这些问题的答案来自一个看上去不太可能的源头：卑微的果蝇。在和别人交谈时，我常能提起蟋蟀、瓢虫、蚂蚁，而蜜蜂已经有它们自己的电影、玩具与儿童歌曲了。不过，人们对于腐烂水果附近那芝麻大小团团转的小蝇类，热情似乎就少了一些。但在瑞士弗里堡大学（University of Fribourg）泰德·卡维基（Tad Kawecki）的实验室里，果蝇们是一场永不落幕的杰帕迪（Jeopardy，美国一种广受欢迎的智力抢答游戏）参赛者。而在它们中间，有的果蝇是大赢家。

果蝇们并不了解《西部如何胜利》或是《明星的孩子》，但它们却必须掌握一个类别的知识——特别的气味。它们得决定到底在闻起来像橙子的培养基，还是在闻起来像菠萝的培养基上觅食产卵。研究人员在其中一种培养基里混入了味道苦涩的奎宁，而果蝇会极力避免这种味道，飞到另一个区域去。当实验人员把奎宁移除后，有的果蝇仍不忘避开曾经尝到过苦涩味道的区域。这表明，它们的确已经学到了这二者之间的联系。接着，卡维基把产在“正确”培养基内的卵收集起来，并把它们养大，然后把整个实验一遍又一遍地重复下去。这意味着只有在选择题中答对了的果蝇，才能把基因传递给后代。利用同样的道理——人工选择——农民已经运用了好几个世纪，培育出了产奶量大的奶牛和果穗饱满的玉米。而在这个实验中，人工选择的效率更高，而最终产物是学习更快的果蝇，而非农贸市场里的各种产品罢了。

从事这样的实验，需要研究人员不辞辛劳地管理在完全相同的环境下，成百上千个广口瓶中的微小果蝇——同样的温度，同样的食物，也生活在同样的一片漆黑中。大多数现代生物教学楼都会有管理养护昆虫的专业设施，当然，很多科学家的工作环境并没有想象中完美，就像卡维基经历一样。他曾经在瑞士巴塞尔大学（University of Basel）工作，在那里，他的实验室被安排在一栋摇摇欲坠的 15 世纪建筑物里，他的博士生们把曾经的弗里德里希·尼采（Friedrich Nietzsche）的演讲厅作为办公室。尽管建筑物坐落在宜人的莱茵河（Rhine）边，外观也宏伟壮观，但建筑物却年久失修，在不少情况下，需要维修人员进入阁楼。阁楼早已是大量鸽子和雨燕的家。因为一位建筑维修人员极力抱怨他或许是在阁楼上遇到的大量鸟虱和跳蚤，校方便因此请来了除虫公司。尽管对大多数人来说除虫都是受欢迎的好事，但在一栋饲养着宝贵的实验果蝇的建筑物里，情况便有所不同了。卡维基与同事们紧张地给除虫公司打了无数个电话，让他们确保不要误伤了他们的实验对象。杀虫公司也保证会一切如常。

不幸的是，正如卡维基所说，“除虫队知道动物只有猫和相思鹦鹉”，而杀虫剂对这些精心养护的果蝇来说显然是致命的；幸运的是，科学家们因为实验室空间原因，只能把果蝇繁殖的世代错开饲养，也正是因为如此，他们这么多年来的努力才没有丧失殆尽。卡维基对除虫公司拒不道歉的态度深表愤慨。而除虫公司方面却坚称“这只能怪你们自己，养了一些无聊的苍蝇。要是像合乎体统的瑞士人一样，养些猫和相思鹦鹉该多好。”

尽管经历了种种曲折，果蝇还是一代接着一代地在实验室里延续下去了。通过人工选择，果蝇很快就提高了辨别“正确”

培养基的能力。而在大约二十个世代后，卡维基就已经创造了能上相当于昆虫世界里哈佛与普林斯顿大学的果蝇了。与普通果蝇花上三个小时才记住哪种培养基中混有奎宁相比，这些新的果蝇不到一个小时便能做到。更重要的是，它们能把这种能力延伸到其他需要辨别气味的任务中，甚至连与气味无关的任务也能很容易地胜任。这说明果蝇并非简单演化得更擅长区分菠萝与橙子的气味，它们确实变得更聪明了。

按道理讲，能够找到觅食与产卵的好地方，除了在卡维基的实验室里，就算在现实世界中也是有用的特质。但为什么野生果蝇并没有变得智慧超群呢？换一个角度说，如果果蝇能这么聪明，为什么却不富裕，或者说，至少是更成功呢？

问题的答案似乎是它们活不了那么久。与未经历人工选择的野生型果蝇相比，这些更聪明的果蝇寿命要短 15%。另外，聪明的雌性果蝇产卵更少，这从演化的角度来看并不是件好事。因为这意味着在未来的后代中，它们的基因所占的比例会更低。它们的存活率在食物短缺时也会显著降低，而这也为上述现象的原因提供了线索：学习能力有很高的代价，而把脑力花费在智力的发展上，也许就意味着你会在其他方面落下来。脑力投入越多，产卵就越少。这样的利害关系，甚至在单只果蝇的一生中也有所体现。一组受过将气味与机械振动联系在一起训练的果蝇，在之后断食断水环境中，比也曾接触过气味和机械振动，但未曾接受过训练的果蝇平均早四个小时死亡。这意味着，记忆联系的过程无形中榨取了这些勤奋果蝇本就不长的生命。

正如我在“昆虫的个性生活”一章里的讨论，这样的取舍在生物中很是常见。拥有大量后代的动物，后代会倾向于偏小，而像我们这类每次只产生少量后代的物种，后代在大多数情况下是会更大。在上述的情形下，似乎当自然选择在成就了果蝇超凡学习能力的同时，它们也必须付出折寿的代价。这种影响力可以影响两个不同的时间尺度。在果蝇的一生中，它们可以将获取的能量用于帮助延长寿命，或是维持神经系统的高速运转，但却不能两全。升级你手提电脑的内存也许不会太贵，但想要升级大脑，却是要付出高额的代价。

在多个世代的时间尺度下，另一种过程也许会起作用。假设有一个基因能让果蝇更聪明，但因为大多数基因并不只是会影响到一种表征，它同时会让果蝇更加不耐饥饿，又或者更容易遭受病原体感染。如果聪明的优势足够大——像在卡维基的实验室环境中，这关系到能否繁殖后代——那么影响这种表征的基因就算有一些副作用，也会在种群中长期存在。

当然，这可不是说所有动物都曾到过某个原始的自助展会来挑选特定数量的能力，有的选择了学习能力、长腿与高超的网球技巧，而其他的个体则选择了上翘的睫毛、语言天赋但却天生愚钝。具体某种能力与其他能力间的制约关系还是一个谜。但卡维基的工作指出，拥有学习能力，或者可以说是智慧水平，是需要付出高额代价的。这也为我们自身的演化提供了线索。人类在演化出我们巨大大脑的同时，很可能也放弃了一些其他的能力。此外，我们的学习得在婴儿时期从零开始，并非生来便拥有各种技能。周围的一切让我们的童年充满了危险——从炽热的火炉到剑齿虎或是它们现代的同类。我们已经失去的必定不少，但科学家仍在思索到底我们人类为了我们的智慧，具体付出了怎样的代价。

通过化学更好地了解

在关于学习能力的研究中，利用像果蝇这类生物的好处之一，就是它们为我们研究大脑打开了一扇窗。当你在得知蒙古国首都名称的时候，或是考虑如何前往剧院时，身体里到底发生了怎样的变化呢？在模糊的印象中，我们都知道神经细胞会把信息传递到某处，而大脑中的电脉冲在这个过程中也起到了某种作用。我们可以使用复杂的彩色脑成像技术来定位神经活动最为集中的区域，或是通过细致的解剖，来探索这些区域的细致结构。与研究人类不同的是，我们可以改变昆虫脑中的化学物质组成，或是通过杂交产生拥有特定基因突变的后代。这也意味着在某些情况下，找到某只昆虫究竟为何能完成某一特定任务的原因，已经成为可能。如果一只昆虫的某个基因拥有基因型A，另一只昆虫与之唯一的区别是该基因为基因型B，而如果两只个体在迷宫中寻找作为奖励的食物所花费的时间存在显著差异，我们即可从中找到一个与学习能力相关的基因了。

在大多数情况下，这些精心选育与改造过的昆虫便是果蝇。在围绕性格的章节中我会提到“好动（rover）”与“好静（sitter）”的果蝇，它们行为上的区别，源于某一特定基因位点遗传上的差异。卡维基与他的同事们，特别是弗雷德里克·梅里（Frederic Mery），研究了这些取向对果蝇学习能力的影响。研究发现，拥有“好动”基因的果蝇短期记忆更强，长期记忆则有所削弱；“好静”果蝇则完全相反，它们能记住几天前发生事件之间的相关性，却记不住像是“上一顿吃了什么”这类问题。这就像颠倒前后的老年痴呆症患者一样：对他们来说，回想起几十年前发生的事情，要比想起他们午餐吃了什么更容易些。在自然环境中生活的果蝇拥有这样的差异也是可以理解的。“好动”果蝇更倾向于在多个食源地间移动，因此能更快地掌握某个果子到底熟了没有；这比起能回忆更遥远的过去发生的事情要更有用一些。来自多伦多大学（University of Toronto）的玛勒·索科沃夫斯基（Marla Sokolowski）——“好动－好静”基因对（rover-sitter dichotomy）的发现者与资深研究人员一道发现，只要能调节果蝇脑中嗅觉中心里某种酶（enzyme）的含量，便能认为是操纵果蝇在记忆上的差异了。这种酶至少对于果蝇而言，也许是不同记忆类型间切换的关键，而这也为类似的人类研究指出了一些值得关注的方向。

另一组实验关注的是一种不同的化学物质。利用稍加修改后的田纳西·威廉斯行为模式——实验箱中的果蝇如爬向某一特定区域，该区域便会升温变烫。一组来自密苏里大学（University of Missouri）的研究人员最近指出，在人类抑郁与抑郁治疗中屡屡提及的脑中神经递质血清素（serotonin），在微小的果蝇学习避开热点的过程中，也起到了关键性作用。

在受到干扰分心后回到原任务的能力——这是一些拥有学习障碍的儿童难以完成的——同样也仅由少量的神经细胞

与化学物质控制。果蝇有向视觉对象移动的倾向，就像是一条实验箱末端的条带。如果你在中途将条带移除，并给果蝇看一条置于别处的“分心”条带，它们会暂时性地转向，但仍能记住原先条带出现的地点。遗传学家们培育了许多学习相关基因存在突变的果蝇——就像与其他特殊果蝇品系的果蝇一样，它们也拥有像是“蠢材（dunce）”与“无知（ignorant）”这样充满想象力的名字——而他们发现，在这些突变果蝇中，有的还可以与正常果蝇一样回忆起原先的目标，而有的果蝇却失去了这样的能力。比如，突变果蝇“健忘（amnesiac）”，在学习时表现得一切正常，但几乎马上便会忘记所学的一切。这种症状能归结到一种单一的神经递质上，而其结构也与人类神经系统中的某种递质极为相似。到目前为止，只有昆虫能让我们把一种行为进行如此细致的分解，让我们能定位影响学习行为某一特定阶段的特定基因。也许有一天我们也可以把这种细致的认知过程延伸到了解我们自身学习障碍的研究中。此外，基因疗法在治疗记忆力失常的昆虫上表现出的前景，也为类似疗法在人类身上的运用提供了参考。这也许是一种能最终取代药物治疗与手术的疗法，其副作用更小，作用靶点与现有疗法相比，也更为精确。

学习能力与本能

学习能力与本能二者间，到底谁出现得更早呢？因为人类对学习能力的严重依赖，我们倾向于把它看成一种创新，一种只有我们掌握了的演化新事物。实际上，我们会欣然接受我们发明了“发明创造”的能力。但几个世纪以前，博物学家相信本能——一类每次重复时都或多或少保持一致的行为——比学习能力出现得更晚。他们认为，早期的动物必须从头学习某种事物，而随着时间的推移，这种重复性的行为模式通过某种方式融入了物种的遗传物质，并最终成为了本能。这一观点受到了法国生物学家拉马克（Jean-Baptiste Lamarck）的大力推崇，而他关于获得性遗传（inheritance of acquired characteristics）的想法，最初对包括达尔文在内的早期演化论者也颇有吸引力，但后来却被抛弃了。对于基因与染色体的遗传模式一无所知，拉马克与他同时代的科学家假设，如果一种像马的动物一直尝试着够到树顶的食物，那么它的脖子便会变长，而这一优势也会以某种方式传递给它的后代，而后代会进一步发扬既有优势，最终成为我们现在所称的长颈鹿。

拉马克对18世纪末19世纪初博物学家关注度普遍不高的无脊椎动物有特别的兴趣，尤其是对它们一成不变的行为着迷。对于他和与他同时期的博物学家来说，像是跟随气味痕迹或是学习数数这样的行为，能导致身体永久性、可遗传的改变，似乎也是很合情合理的。当然，我们现在知道，基因的遗传方式与拉马克所想的并非完全一致。而更有可能的是，习得性行为与先天性行为的演化是同步进行的。大多数行为，就算以昆虫为例，也同时受到环境与基因的共同影响。因此，既有习得的一面，又有先天的一面。先前的争论也因此显得有些毫无意义了。

亚利桑那大学（University of Arizona）的生物学家丹·帕帕伊（Dan Papaj）虽然不认为拉马克本身是对的，但他却很想知道到底学习行为是否能通过其他方式影响演化发展。为了研究学习行为在自然界中的运作模式，他广泛研究了包括从蝴蝶到寄生蜂的许多物种。他指出，一种现在固定的行为模式起源于古老昆虫祖先的习得性行为，也未必就那么牵强。在机器人与人工智能领域的研究人员感兴趣的是如何改变输出信号（stimuli）——计算机执行一项操作后得到的反馈——使随后的操作更加复杂的算法。如果法布尔与坎宁安备受嘲讽的观点最终为更强大、更灵敏的计算机的出现铺平了道路，一定会是件很讽刺的事情吧！

最后，社会性昆虫遗传决定的利他精神也是众所周知的。蜜蜂在抵御巢群入侵者时，会奋不顾身地以命相抵。它们的螯针会留在受害者体内，而它们的内脏也会被撕扯得支离破碎。但就在最近，研究人员发现，蚂蚁也会在同伴遇到危险，哪怕是以前从没见过的危险时，有选择性地施以援手。埃莉斯·诺巴哈利（Elise Nowbahari）与她法国和美国的同事把蚂蚁半埋在沙子里，并从底部用尼龙细线将蚂蚁拴住防止其逃脱。科学家们接着放入了同巢伙伴或陌生蚂蚁，并观察它们接下来的行为。他们发现，只有在蚂蚁来自一个巢群的情况下，同伴们才聚集过去，把它挖出来并咬断细线。而如果蚂蚁来自其他巢群，就算它们同为一个物种，也只会眼睁睁地看着受害者苦苦挣扎。

这一系列复杂的行为让我们进一步了解了昆虫的学习能力到底能达到怎样的程度。如果同样的能力在除了蚂蚁以外的昆虫上也同样适用，我们也许就得重新看待粘蟑螂板以及上面挣扎乱蹬的蟑螂们了。如果蟑螂能咬断黏胶救助同伴，那么你一定会开始思考，它们是否已经拥有了策划复仇的能力。

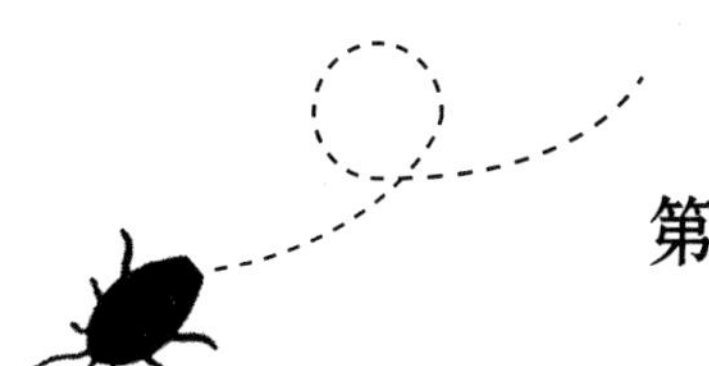

第二章　昆虫的基因组

一些在分子遗传学领域里的前沿进展，像是基因控制复杂行为的机制研究，是因为金恩·罗宾森（Gene Robinson）厌倦了摘水果的工作才得以在后来被发现的。作为一名以色列集体农场的半工半读学生，罗宾森厌倦了摘葡萄的工作，因此，当他被问到是否愿意去“暂时打理一下蜜蜂时”，便一口答应了。他说：“我仍然记得第一天接触蜜蜂时的新鲜感受。”

在与他的通信里，他详细描写了蜜蜂之所以如此吸引人的原因。尽管父母有种种质疑（他总结母亲的反应是：“不当医生，不当律师，我们到底做错了什么？”），罗宾森后来还是考取了他的昆虫学硕士与博士学位。在伊利诺伊大学，他仍然有着对蜜蜂难以言表的热爱。他把他的爱融入了创造性的利用基因组学——一门研究物种整套DNA的学科，来研究蜜蜂的复杂行为。蜜蜂的蜂群中各有分工，一些蜜蜂会外出采蜜，而其他个体会待在蜂巢里照顾幼体。罗宾森的研究便是着重于了解蜜蜂的基因组是如何调控这一切的，从蜜蜂身体里扩散的激素，到蜜蜂脑中激发的神经元，最终联系到蜜蜂基因组里调控这一行为的具体片段。他把他所从事的研究称之为社会基因组学，利用分子遗传学的手段研究社会性行为。这是基因组学与行为学的交汇点，而昆虫则是这类研究最适合的对象。

在解释社会基因组学以前，我们得先了解一下基因组学的新时代，究竟什么是基因组测序与开展一项新的基因组项目。基因组是物种的一套完整 DNA，以数量不等的染色体形式存在于各类动物的细胞内；人类有 23 对染色体，而家猫有 19 对，牛有 30 对，家蚕有 27 或 28 对，而某种蚂蚁只有一条染色体。基因组测序意味着测定四种组成双螺旋 DNA 碱基的排序。四种碱基分别叫作腺嘌呤（adenine）、胸腺嘧啶（thymine）、鸟嘌呤（guanine）与胞嘧啶（cytosine），而通常都以它们的首字母简写为 A、T、G 与 C。基因实际上就是一段按照一定顺序排列的碱基序列，这段序列里包含了蛋白质编码序列，细胞通过解读这段序列来制造维持自身运转的结构蛋白，或是调控其他基因是否表达的转录因子。并非所有的 DNA 都是基因；参与了人类基因组计划的科学家们很早就意识到，我们的染色体有一定含量的非编码序列。这些序列并没有包含基因调控或是编码蛋白质的功能。基因组序列因此包含了一段很长——非常非常长——的四字母序列，依物种不同，以它们的排列方式各异。

当人类基因组计划在2003年结束时，我们已经意识到我们迫切需要测序更多的基因组。很多科学家都想把这两种动物放在下一步测序的名单上。第一种是斑马鱼，这主要是为了了解从受精卵发育到成年个体的过程中起到关键作用的基因。而名单上的另一种是实验用的老鼠，因为作为哺乳动物，我们用人类基因组与之进行比较时会更加便捷。但诺贝尔奖获得者西德尼·布伦纳（Sydney Brenner）却辩称，“老鼠和我们的关系太近了。我们的基因组之间还没有积累足够的随机变异，而你也会因为二者之间的共性太高而困惑。”

其实，布伦纳所说的是，由于我们与老鼠的共同祖先在演化历史上出现得如此之晚，我们的遗传物质与老鼠的依然十分相似。但有哪些基因是必不可少的？哪些基因在上亿年的演化中一直发挥着关键作用？又有哪些基因通过倍增与突变而担起不同的功能？为了回答这些问题，我们需要昆虫。疟蚊（Anopheles gambiae）与黑腹果蝇（Drosophila melanogaster）在2.5亿年前就从它们的共同祖先处分道扬镳了。这在演化距离上，大约跟人类与鱼类的距离相当，而比人类与鸡之间的演化距离还要多三分之一。

当然，这并不是一个二者选其一的过程。现在，斑马鱼和老鼠的基因组都已经完成，而鸡、非洲爪蟾（african clawed frog）与线虫（Caenorhabditis elegans）的基因组也已经测序完毕。基因组计划现正在许多其他物种上开展，这包括了欧洲刺猬、绿安乐蜥（一种在宠物店里常被当作变色龙出售的小蜥蜴，尽管它们与真正的变色龙并没有多少亲缘关系）、大猩猩，还有许多种类的无脊椎动物。尽管如此，昆虫可以揭示其他类群生物都无法展现的演化过程。

正如我所说的，昆虫是这个星球上多样性最丰富的类群——昆虫的种类比任何其他生物都要多，它们生活在除了大洋深处以外的各种环境，而不同昆虫间的差异是难以想象的，它们可以有极大的体型差异、外形差异与食物、栖地差异。基本上，生活史中的任何阶段都能找到完全不同的类型。一只蚁后能在它的巢穴里活上几十年，而飞舞在阿巴拉契亚山湍急溪流上空的微小蠓类（midges），在成虫生命短短的45分钟里，需要完成寻找配偶、交配、产卵等一系列活动。因为我们有如此多不同特质的物种可以用来比较，我们能更容易地回答到底哪些基因与昆虫的寿命长短及个体大小密切相关。就算我们拥有所有灵长类的基因组，甚至是所有哺乳动物的基因组，这也不会比拥有同样种类昆虫的基因组来得更有用。因为与昆虫之间的情形相比，一种猴子与另一种猴子之间，从外形甚至是行为上看，都是很类似的。比起蚱蜢与跳蚤、猴子与老鼠的亲缘关系近得多。当然，昆虫也是许多疾病的传播载体，像是疟疾与斑疹伤寒。因为它们与我们热爱同样的食物，在农业上，它们也同时是重要的传粉者与臭名昭著的害虫。没有它们，我们的生活也就无法继续下去了。

另外，因为我们与昆虫在演化上很早便分道扬镳，我们可以通过它们来了解究竟我们是如何在演化上殊途同归的。例如，我们是社会性动物，会花费大量时间和精力照顾下一代。蜜蜂同样也是社会性动物，也同样花费大量精力照顾它们的下一代。我们与蜜蜂有不少共有的基因——但我们二者之间与社会行为相关的基因是否相同呢？如果基因不同，为何又会有相似的结果呢？如果相同，那为何相关的基因只保守地存在于我们与蜜蜂之间，而却在其他成千上万的物种中丢失了呢？

大小，废物与垃圾

在探究何种昆虫的基因组已经测序与序列告诉了我们什么

之前，我们需要先把注意力转移到另一类我们能从各种生物中得到的遗传学数据：基因组大小。在我们了解细胞内 DNA 的具体化学组成以前，我们至少可以确定 DNA 的大致含量。事实上，测量是我们了解新事物的基本方式，不管是一座之前从没有探索过的山峰，一位新来的小镇居民，或是新生的婴儿。（为什么关于新生儿重量和长度的数据常常会在出生证明中出现，至少在我看来是一个谜，但这也从侧面说明了我们对测量的痴迷。）

自从 DNA 分子在 17 世纪末被发现以来，科学家就对不同动植物的 DNA 含量起了兴趣。在 20 世纪 40 年代末 50 年代初，“DNA 恒定”假说提到，在不同的组织细胞的细胞核内，DNA 的总量保持基本恒定，而这也大约是精子内 DNA 的一倍。这最终成了证明 DNA 遗传物质作用的重要证据。

这一概念广为接受后，一个很自然的推论是，如果一个物种拥有更高的 DNA 含量，那么它也就拥有更多的基因，因此也很有可能更为复杂。从直觉上，人们把基因比作银行里的存款；你的存款越多，你的购买力也就越强。科学家因此推测，简单、微小的生物，像是变形虫与扁虫，每个细胞内的 DNA 含量会比仓鼠或是天堂鸟的要少。而出乎意料的是，事实并非如此。DNA 的含量——以皮克计量，10 的 -12 次方克——与相对应动植物的复杂程度并无关系。了解基因组大小对于决定对哪些物种进行测序来说是很重要的参考资料。因为，从纯粹的实际角度出发，小基因组的测序会更省钱。

不同动物间最高有七千倍的基因组大小差异，而也许就像你所期待的一样，昆虫间的差异在其中稳摘桂冠。在哺乳动物里，最小的基因组属于长翼蝠（Asian bent-winged bat）的 1.73 皮克，最大的基因组则属于南美的阿根廷平原鼠（red viscacha rat），而其基因组也没有大太多，大小为 8.4 皮克。与昆虫间的 170 倍大小差异相比，哺乳动物的基因组大小差异就相形见绌了。在昆虫中，似乎最大的基因组属于一种生活在山地的蚱蜢，而最小的基因组则属于一种体型微小的瘿蚊。顺便一提，人类的基因组大小是中庸的 3.5 皮克，这至少比马蝇的要大些，但却比不上蚱蜢的基因组大小。

撇开像常识问答游戏与吉尼斯世界纪录一样对这些数字的执着（可惜的是，关于基因组大小的线索不太可能出现在填字游戏里），到底基因组大小的不同——连同与所处生物复杂程度缺乏相关性——意味着什么？很明显，更大不一定意味着更好。盖尔佛大学（University of Guelph）的生物学家莱恩・格里高利（Ryan Gregory），作为基因组大小领域研究的世界权威之一，曾直言不讳地说道："在我们的期望中，基因组里包含了基因，所有的基因，除了基因还是基因。"

因此，如果基因组里有除了基因以外的成分，又会是怎么出现的呢？另外，到底其他的组分是什么，它们又在基因组里有何作用呢？而且，为什么有的物种似乎比别的物种在基因组中多那么多非基因片段呢？

这些问题的答案之间有着密切联系。基因组中某些"额外的"片段由能自由活动的DNA片段构成，它们有时被称为转座子，或者更形象地说，自私DNA。它们源于自我复制，并整合到核基因组中的DNA片段。之所以称之为自私DNA，是因为按照理查德·道金斯《自私的基因》中的理论，这些片段通过自我复制而得益，而这对它们所寄居的基因组功能本身却没有任何直接贡献。如果这对所寄居生物来说并没有不良影响，或就算有负面影响，但生物体却没有办法制止它们的活动，它们便会一直存在下去，不断在基因组中复制，并导致某些物种的夸张的基因组大小。

其他非编码DNA通常被称为废物DNA(junk DNA)，有时候，这个概念被用来泛指基因组里除了基因以外的其他DNA组分，但狭义上，仅指一些曾经拥有功能但现已被废弃不用的基因。

就像你买了电动割草机以后，仍堆放在仓库里的断了刀片的手动割草机一样，废物 DNA 堆积在基因组里。这和我们整理衣柜也颇有些相似之处，一些科学家把某些现阶段并无功能的 DNA 称之为废物，但也许在未来的某些时候，这些片段还是有用的，就像那台手动割草机一样。但垃圾（garbage）如果现在没有功能，那么以后也不会有了——在这里我还是不举例为好。如同转座子一样，废物 DNA 堆积的原因在于，除非有其他因素影响，DNA 片段有着内在的自我复制倾向。

基因组大小常常，但不总与来源物种的个体大小相关，而这在昆虫与其他无脊椎动物身上体现得更为明显。从卵到成虫发育过程越长的昆虫，基因组通常也就越大。基因组大小的另一个限制条件似乎与所处物种的发育过程有关——是像蝴蝶一样经历了卵、幼虫、蛹、成虫的完全变态，还是像蚱蜢一样，每次蜕皮都与之前相差无几？蝴蝶的发育版本与蚱蜢的版本相比，似乎基因组要小得多，但其中的原因仍不得而知。另外，基因组大小似乎与昆虫精子的长度也有相关性，而我在接下来的章节里会讨论到昆虫的精子长度与基因组大小一样，存在很大的差异。令人惊讶的是，所有的社会性昆虫，不仅包括了蜜蜂与胡蜂，还有白蚁及存在照顾后代行为的某些蟑螂，尽管在演化距离上相隔很远，却都拥有偏小的基因组。

我很想了解更多有关基因组变化的解释，但在测算基因组大小研究的众多意义中，我最推崇的一点是它让我们如此客观具体地了解自己。想想细胞里包含了多少分子，想想腺嘌呤与胸腺嘧啶在细胞中争夺位置，或是细胞核内像恋人般结合的双股螺旋。这意味着我们能以惊人的清晰度，审视我们自身。科学作家卡尔·齐默把他叙述人类在对大脑了解的过程中探索内心与灵魂的科普读物《血肉灵魂》，来说明我们现在已经能通过神经递质与大脑灰质了解自身的本质了。想想DNA，在基因组里微小得需要用皮克计量，却让我们对自身的本质更加触手可及。

果蝇，蚊子与甲虫

你也许已经想到，第一种进行全基因组测序的昆虫就是为分子生物学领域立有汗马功劳的黑腹果蝇。蜜蜂的基因组测序紧随其后，紧接着是一组果蝇属的物种、两种蚊子、家蚕与厨房面粉中生活的一种小甲虫。接下来还会有更多昆虫基因组序列公之于众，这将帮助我们了解不仅是我们人类，还有我们六足亲戚的演化过程。

让我们从果蝇开始。黑腹果蝇是遗传学研究的模式物种，但其他种类的果蝇却有着既相似又不同的生活。与世界性分布的黑腹果蝇相比，果蝇 sechellia 就只生活在印度洋的塞舌尔群岛，在那里它们特化取食海巴戟天（Morinda）的有毒果实。果蝇 grimshawi 翅膀上有繁复的花纹，作为夏威夷种类繁多果蝇中的一员，却只能在岛上少数偏远的地区发现。它比黑腹果蝇大一百倍。它的近亲，果蝇 mojavensis 是美国西南部索诺兰沙漠的特有物种，在风琴管仙人掌上繁衍生息。

科学家有意挑选了这些果蝇测序，是为了广泛覆盖果蝇的演化史；它们之间的分化时间从五十万年到六千万年不等。在演化距离上，这相当于人类与蜥蜴之间的距离，而它们却都被分在果蝇属的同一个组里。在研究的果蝇中，有许多基因在所有种类间都很类似，但有的基因却又差异很大。新闻记者海蒂·莱德福特（Heidi Ledford）称这种基因组的“混乱”只有在不同物种间横向对比时才能体现出来，基因的出现与消失，还有它们在不同时间与空间中的调控变化。就连保守的 X 性染色体上也有惊奇的发现；有的基因被认为只在雄性果蝇中表达，因为它们在 X 染色体上。但不同的物种中，同样的基因的表达方式却并非一成不变。一类编码抵御入侵微生物蛋白的基因——果蝇免疫系统的组成部分——变异程度比其他的基因都要高。考虑到致病微生物同样高的变异速率，这也就说得通了。感受气味的基因对于生息繁衍在发酵植物上的动物来说是至关重要的，而这类基因在果蝇中的多样性也很丰富。在某些情况下，尽管合成蛋白质的调控通路显然已经发生变化，蛋白质的制造却并没有停止。这表明，所谓的转录重写（transcriptional rewriting）也许比想象中的更常见。

与纯粹为了研究基因调控机制而研究果蝇基因组所不同的是，科学家在研究两种蚊子基因组的目的更加现实：他们想要更好地了解这类对人类健康有着深远影响的昆虫。第一种基因组被测序的蚊子——疟蚊（Anopheles gambiae）是非洲疟疾的主要传播媒介。第二种，白纹伊蚊（Aedes aegypti）传播黄热病、登革热与相对少见的基孔肯雅热；后者是导致最近印度洋沿岸国家大约 25 万感染且大于 200 人死亡病例的罪魁祸首。两位美国农业部的昆虫学家，杰伊 · 埃文斯（Jay Evans）与唐 · 贡德森 – 林达尔（Dawn Gundersen-Rindal）提出，疟蚊是“除了我们自己之外第一种完成测序的，对人类生命有强烈直接影响的物种”。尽管白纹伊蚊的基因组比疟蚊大很多，但其中编码的基因却并没有增加。这更进一步说明，就算是关系很近的物种，非编码 DNA 在基因组中的比例也可能有差异。

一旦基因组测序数据能被用来识别功能性基因，我们就有可能把基因和特定的性状联系在一起。比如，与蚊子体内致病寄生虫成功传播，或是蚊子通过人类排汗或是呼吸时产生的嗅觉信号定位所用到的基因。科学家希望通过突变破坏这些关键基因的功能，从而人工繁育出消化道不适宜疟原虫生存，或无法定位寄主位置的基因消除蚊子。与杀虫剂抗性有关的基因也可以通过类似的方式加以改造，来确保蚊子对某些化学物质保持原有的低耐受性。

如果果蝇测序的理由是为了利用这一经典模式物种在遗传学领域的传统优势，蚊子测序是为了应用于人类与疾病的斗争，那么赤拟谷盗（Tribolium castaneum）测序的原因则可以这么说了，所有没有包含一种甲虫的动物学项目都是不完整的。甲虫已经描述的种类比任何单一类群的动物都要多——有着超过 35 万个物种，全世界有四分之一的动物种类是甲虫。合作测序赤拟谷盗的科学家们把甲虫称为“目前而言演化中最成功的多细胞生物”，并列出了这个类群的种种特质：“甲虫能发光，喷射防御性液体，从外表与行为上拟态蜜蜂与胡蜂，或化学拟态蚂蚁。”我不是很清楚为什么科学家特别列出这几项能力，尽管这些选择似乎有种“你会在荒岛求生时带上哪种动物”的意味。有趣的是，甲虫与昆虫中另一个非常成功的类群——蚂蚁一样，在日常生活中都缺乏飞行；尽管大多数甲虫在必要时都会飞，但它们生命的大多数时间都在爬行或地下隧道中度过。究竟牺牲一对脆弱的翅膀（译注：特化为鞘翅）是否与甲虫空前的成功相关，还并没有明确的答案。

在参选的甲虫里，赤拟谷盗是一个很好的选择。这是因为它们能轻易在培养皿或者其他小的容器里高密度人工饲养，而它们也是多年来一些遗传学研究的主要模式物种。同时，它们是贮存谷物的重要经济害虫，这意味着了解它们的基因组有可能找到它们潜在的弱点。这是一项紧迫的任务，因为到目前为止它们对多种杀虫剂都存在抗性。

尽管所有人的眼光都被果蝇及其近亲所吸引，事实上，赤拟谷盗与果蝇相比，似乎更加“原始”。换句话说，赤拟谷盗的基因似乎并没有那么特化，比起果蝇的基因，与整个昆虫纲祖先的基因更相似。例如，在赤拟谷盗的基因组里有超过 125 组的基因在人类基因组里有同源基因相对应，而这些基因并没在 2009 年以前测序的其他昆虫基因组中出现。这表明，赤拟谷盗拥有一些十分基础的遗传物质。事实上，赤拟谷盗有超过一半的基因在脊椎动物中有对应基因存在。这一基层特征意味着我们可以通过把其他昆虫的基因组与赤拟谷盗的基因组相比较，从而更容易地判断哪些基因与昆虫的基本特征相关，比如变态发育与蜕皮；而哪些基因赋予了不同种类昆虫各自的特质，例如那些与蜜蜂酿蜜有关的基因。

正如基因组大小，抑或是身体构造与外形，昆虫基因组中的遗传信息的多样性比脊椎动物的要高得多。有部分基因是高度保守的，比如与感受气味相关的基因，或是用于合成抵御疾病化合物的基因，但其他基因却有很高的特化程度。家蚕拥有大约 1800 个在果蝇与蚊子中并没有发现的基因，这其中有一些与合成蚕丝有关；尽管不少昆虫与蜘蛛都会以某种方式利用丝线，从结茧化蛹到从天花板上垂下来，家蚕似乎拥有一些它们类群特有的基因。

当然，在基因组测序后分析的第一步便是将预测的基因与特定的功能联系在一起。当基因注释完毕后，我们在控制害虫方面也就有了新的利器，虽然有时候这会是一步险恶的狠招。科学家现阶段正试图通过遗传学手段让昆虫通过基因组传播自我毁灭的指令。比如，往某种昆虫的基因组中转入一种在某种特别抗生素存在的情况下无害，但反之却致死的基因（译注：例如在四环素抑制子调控下的毒蛋白)。这些个体在饲养过程中进食混有抗生素的食物直到成虫，当它们成熟后不需要再取食时，便被有意释放到野外。当拥有人工基因的昆虫与野外的异性交配后，它们的后代也便拥有人工基因了——但这些后代生活在并没有特定抗生素的野外，因此致死基因会在这些后代中表达。除了这种方式，一些更聪明的方法已经在实验验证的过程中了。

与基因组大小方面的研究一致的是，基因组测序确认了基因组中大量的非编码成分。有一位研究人员把它们称为基因组中的“暗物质”。这与近乎科幻小说，看不见摸不着的宇宙中的暗物质很类似，有着神秘的本质，在发现之初也都引起了众人近乎气急败坏的反应。我们都以为自然母亲会在分配遗传物质时更节约一些，或许省下一些 DNA，就像晚餐桌上的剩饭一样。难道我们就不能制造一种有着“纯净”基因组的生命体么？或许我们仅仅是不愿意接受，大自然并不需要很多的基因来制造复杂的物种；正如莱恩·格里高利所说，“全基因组测序分析中得到的最令人惊奇的发现是，就算是构建最复杂的生命体，大自然所需要的基因数量也出奇的低。”不知何故，我们在审视自身的简单性时有种被欺骗了的感觉。

当然，这不是说我们本身并不复杂。事实上，我再一次重申，演化所扮演的角色是修补匠，使用的是手头现有的材料。我喜欢把我们的细胞核想象成一座巨大的仓库，而不是一件完美运转的机器。仓库里堆放了很多机器，有的已经过时，在角落里生锈，但却从没人把它们清理掉；有的机器是新旧构件的结合体，以自己忽动忽停的节奏运行着，但最终制造了一些能被细胞利用的产品。

社会性的基因组

尽管蜜蜂像蚊子一样，对人类的福祉而言十分重要，蜜蜂基因组测序的原因却不仅仅是也许能帮助我们阻止全美国范围内蜜蜂种群的神秘减少；其中一个很重要的原因是因为蜜蜂是一种非凡的社会性昆虫。为了不在果园里摘水果而最终献身蜜蜂研究的金恩·罗宾森，认为了解蜜蜂基因组能让我们更好地了解在一个超个体（superorganism）中，单一组分是如何完美整合的。伟大的生物学家与爱蚁人 E. O. 威尔逊曾说过："如果地球上的社会性生物按照个体间沟通的复杂性、分工与整合的程度这三点划分，有三类生物会脱颖而出：人类、与水母关系较近的管水母类（siphonophores）[例如僧帽水母（Portuguese

Man o' War)]，以及某些选中的社会性昆虫。”那么，这种高度的独立性到底从何而来呢？

在2006年发表的蜜蜂基因组计划中，最令人惊讶的一项发现是与其他昆虫相比，蜜蜂基因组中相对缺乏抵御疾病的基因。考虑到蜂巢中的拥挤情况，有人一定会想病原体在其中的传播会比幼儿园里的感冒还要快，而自然选择会因此偏向于更加高效的免疫反应。其中的一种解释是，蜜蜂高度的社会性行为，比如经常性的梳理、舔舐身边的同伴，排除了其他形式免疫系统的必要性；另一种可能性则是，蜜蜂经过了几千年来的驯化，已经在这方面不能算是正常的昆虫了。随着更多社会性昆虫在将来完成测序，我们离这个问题的答案也会越来越近。另外两项惊人发现则分别是蜜蜂基因组中较少的基因数量，与基因组演化相对于疟蚊和黑腹果蝇，存在明显的保守性。因此，蜜蜂至少有某些基因和其他昆虫相比，与脊椎动物更相似。颠覆之前认知的一点是，事实上，蜜蜂似乎在演化历史上出现得很早，甚至比甲虫更早成为演化中独立的一支。

蜜蜂拥有大量与合成和接收费洛蒙相关的基因。费洛蒙是蜜蜂在巢中相互交流使用的化学物质。考虑到蜜蜂社会中个体间信号传递的重要性，多出的这些基因也就不奇怪了。与此同时，蜜蜂也有一些与采集花蜜和花粉相关的新基因。但是，它们是否拥有所谓的特别“社会性”基因呢？在蜜蜂基因组测序完成的几年前，金恩·罗宾森意识到，蜜蜂这类高度社会性的昆虫与果蝇等独自生活的昆虫之间的区别也许并非取决于全新基因的出现，而很大程度上取决于某些共有基因的调控差异，例如关键基因在特定的时空分布中是否表达？如果表达，蛋白质的产量又有多少？除了某些例外的情况外，罗宾森的观点与实际情况基本吻合。事实上，罗宾森和他的博士后艾米·托特（Amy Toth）提出，就像发育生物学家们发现了生物躯体蓝图的各种“模块”一样，翅膀、腿和手臂的发育过程，在不同脊椎动物中都由一组类似的基因调控。动物的行为同样也可以分解为各种基础构件。

昆虫社会中最值得注意的一点是威尔逊提到的社会分工。蜜蜂、蚂蚁和白蚁与其他昆虫，或者是其他生物都有很大区别，除了少数如裸鼹鼠（译注：少数真社会性哺乳动物）这样的怪胎。它们的虫后负责产卵，并与雄性交配。而巢群中的大多数个体则担起了各式各样的工作。在这些工虫群体里，不同的个体通常会专门从事某项特别的工作。例如，外出觅食，或是清理巢穴。这样的分工，像是人类工业社会中的不同阶层一样，让整个巢群的效率得以大大提高。昆虫复杂社会的标志之一是工虫品级虽然不育，但仍会为了巢群这一整体工作忙碌。但到底是什么决定了巢群中每只工虫个体的命运呢？

究竟在社会性昆虫的巢群里当家做主是否值得羡慕，还是值得讨论的。虫后除了得不断产卵以外，与外界也没有任何接触了。传统看法认为，蜂后并非生来就是蜂后，而是因幼虫时期长期进食工蜂头部腺体中分泌出来的蜂王浆才发育成蜂后的。成年蜜蜂，不管社会地位如何，都不会吃蜂王浆。于是人们便想，如果幼虫得到大量蜂王浆滋养，便会成为蜂后，而少量的蜂王浆则会让你成为一只社会底层的短命工蜂。在 royalbeejelly.net 网站的介绍是这么说的："蜂王浆是蜂后的食物，让蜂后长得更大，拥有超级英雄的能力。"如果能大量产卵也算是一种超能力的话，我很认同它们把蜜蜂与其他超级英雄相比。蜂王浆的"皇家"特质让它有了从哮喘到色斑包治百病的光环。当然，如果略微理性地想想，肯定有人会发现蜜蜂既不会得哮喘也没有色斑的困扰。

但最近的发现得出，至少在某些社会性昆虫中，你的位置并不完全由你的食物构成所决定，你的出身也同样重要。在蜜蜂中，不同的营养物质与其基因组相互作用，激活或抑制某些发育通路的方式，比我们之前所认为的复杂得多。在某些蚂蚁与至少一种白蚁中，拥有某一特定基因型的雌性个体更容易成为将来的蚁后，而拥有另一种基因型的雌性个体则最终沦为工蚁。一个特别怪异的例子是收获蚁（harvester ants）工蚁品级的遗传决定。在收获蚁中有两种不同的遗传系共存；蚁后属于两系之一，但工蚁却是两系的杂交产物。如果蚁后的卵是由同系的雄性受精，那么它们的幼虫会成为将来的蚁后，但如果父亲来自另一系，那么它们的女儿便是工蚁。（请回想在蚂蚁社会里雄性个体是由未受精卵发育而成，因此它们并未纳入以上的计算。）蚁后与工蚁间的区别也可能并不取决于特定基因的存在与否，而是取决于相同基因的调控差异。一项近期的蜜蜂研究表明，有超过两千个基因在蜂后与工蜂大脑中表达情况存在差异。这进一步支持了重要的不是你需要拥有怎样的基因，而是你如何利用手头拥有的一切——或你手头拥有的一切对你有怎样的影响。

蚁后也是可以专门化的。在有的种类中，多只繁殖蚁会合作建立一个新巢，然后像室友一样分摊责任。因此，有的蚁后会负责出外采食，而其他的蚁后会留在巢内照顾后代。此外，在美国南部以蜇人疼痛难忍而闻名的红火蚁中，有的巢里有一只蚁后，而有的巢会有两只或者更多。更丰满的蚁后通常选择自力更生，而多只苗条的蚁后则会合力经营同一个蚁巢来分摊产卵的责任。蚁后的生理学，与工蚁对待蚁后的方式，都是由基因控制的。

之前我们普遍认为，工蜂的分工如果不完全与幼期食物有关，也至少是环境决定的，比如年长的工蜂会更多地出外觅食，而年轻工蜂则会留在蜂巢中扮演“护士”的角色。但现在，整个画面变得更复杂了，也更加凸显基因决定的一面。年龄相关的行为改变的确存在，但改变基因同样能改变工蜂的行为，令它们在更年轻的时候便出外觅食。同时，觅食的信号同样受到巢群中的社会信号影响，比如其他巢中同类的年龄，或是巢中费洛蒙的种类。而这些因素会反馈影响工蜂自身的内分泌系统，进一步改变其行为。就像蜂后与工蜂之间的区别一样，基因表达在从事不同工作的工蜂之间也存在差异。基因组成不同的蜂巢间，所显示出的工作模式也有所不同。最有趣的一点是，当一只蜂后与多只雄蜂交配后建立的混合蜂巢，在建造巢脾、哺育后代、采集花蜜与花粉等方面，都比由只交配过一次的蜂后建立的蜂巢要高。

悉尼大学（University of Sydney）的研究团队利用一个聪明的实验验证了蜜蜂生殖的遗传学调控。与人类一样，蜜蜂也会受到二氧化碳的影响。但与人类不同的是，蜂后在受到二氧化碳刺激后会增强卵巢发育，似乎就像它们刚刚交配过，正准备开始建一个新蜂巢一般。与之相对的是，如果蜂后从蜂巢中人工移除，有时候工蜂会立刻发现。但在二氧化碳的刺激下，工蜂会抑制自身的卵巢发育，就像蜂后仍在蜂巢中负责产卵一样（工蜂也能够产卵，尽管它们的姐妹们会阻止它这么做）。

由格雷厄姆·汤普森（Graham Thompson）领导的研究团队把处女蜂后与无后工蜂放入添加了二氧化碳的观察室里 10 分钟，而后比较蜜蜂脑中基因表达与它们卵巢在接下来几天内的变化情况。在他们选取的二十五个基因中，有十个基因存在差异性表达，这表明蜜蜂对所处环境微小的变化也十分敏感，而这也反映在了基因活动的变化上。

社会性昆虫的极端社会行为，像是自我牺牲的不育性，到底从何而来呢？蜜蜂基因组的研究，与关于社会同非社会性昆虫基因的详尽资料，都支持了一个在昆虫学家中流传已久的想法：这开始于母亲对后代的照顾，由此渐渐从母亲对后代的关爱延伸到后代对兄弟姐妹的关爱。许多昆虫，就像我在第七章写昆虫母爱的护幼行为中提到的，虽然还没有到蜜蜂或是蚂蚁这样的程度，却已经显示出了某种程度的社会性行为；它们也许会守护它们的卵，给发育中的后代采集食物，或与其他雌性合作共同养育下一代，而它们在验证上述的观点中起到了重要作用。托特、罗宾森与他们的同事利用马蜂（common paper wasp）来验证对姐妹的关爱与对后代的关爱是否是由同样的基因控制的。尽管马蜂的基因组还没有进行测序，新的技术让科学家们能够在马蜂中检测到一些在蜜蜂中与社会性行为相关的短 DNA 片段。尽管蜜蜂与马蜂在 1 亿到 1.5 亿年前便已经分道扬镳，研究中发现的片段却出乎意料地并无变化。

马蜂并不像蜜蜂与蚂蚁一样有着极端的品级差异，但科学家们却能够在四种个体的遗传调控中寻找差异。奠基蜂后（foundresses）在春天建立新的蜂群，它们通常自力更生，这意味着它们在繁殖的同时也外出觅食。在奠基蜂后的养育下，它的第一代女儿成了工蜂，这也让奠基蜂后转型为蜂后，担起了全职产卵的角色。蜂群在年终产生的越冬蜂后（gynes）交配后，在隐蔽处独自过冬，并在春天苏醒成为新一年的奠基蜂后。

尽管四种个体在外观上完全相同，而事实上在某些情况下同一只个体会扮演其中不同的角色，科学家却发现这些雌性马蜂脑中的基因表达存在显著区别。工蜂与奠基蜂后的脑更为相似，这也许是因为奠基蜂后与蜂后相比需要照顾后代，而与越冬蜂后相比则需要产卵繁殖。一些表达存在差异的基因与胰岛素的合成有关。胰岛素在昆虫中与在人类身体里一样，是营养物质调控机制中重要的一环。这意味着社会化的过程包含了食物处理方面的演化改变。托特与罗宾森相信，从完全的独居生活到高度社会化的演化进程中，利用了两种行为祖先所共有的一套分子工具箱（molecular toolkit），并在自然选择的作用下，积累着微小的变化。这与认为新行为需要新基因的传统观念有很大区别。

合作的独裁者

这些研究成果让我们更好地了解了到底基因调控意味着什么，不管那是一种社会性行为，抑或是眼睛的颜色。人们通常假设，一个基因是“为了”某种特定表征而存在的，因此，假如你拥有一夫一妻制的基因，你就一定不会出轨，但如果你没有这个基因，那么出轨也就变得不可避免了。对基因组的研究表明，这种想法是站不住脚的。第一，遗传物质通常是累赘的，有的并无功能，或者与任何功能蛋白之间存在联系。第二，基因是回收利用的行家——我们所有的基因都是来源于先前存在的基因，而变化则源于各种 DNA 突变。母亲照顾后代行为相关的基因，也让蜜蜂更愿意照顾它们的姐妹，而这些基因也与其他各式各样的行为有关。这意味着没有任何基因能与唯一的表现特征联系在一起。第三，也许是最重要的一点，我们才刚开始了解基因调控机制的复杂性。正如在马蜂的例子中，基因本身并无改变，而改变的是在不同情况下基因在特定组织中的表达情况，而这种层面的调控需要大量其他基因参与。

这并不是说我们就不应该探寻像是求偶或是亲代照顾这些复杂行为的遗传学基础。相反，新的复杂算法已经能以前所未有的解析度揭露出复杂行为背后的调控机制了。但我们需要做的，是彻底舍弃一个基因，一种表现型的陈旧观念，比如一个与长睫毛相关的基因就一定不会影响我们对重口味食物的喜好。基因也许是蛋白质合成的主宰，但不要忘记在此过程中，该基因也同时受到了基因组中大量其他的 DNA 片段的影响。

下一步呢？

基因组测序似乎对于科学家来说特别有诱惑力，对拥有复杂行为与古怪外表物种测序的渴求从未有减弱的趋势。许多生物学家都拥有自己研究的最爱，因此他们都想让“他们的”物种纳入下一项测序计划中。由于现在样品处理的费用正稳步降低，优先测序的次序问题已经不像原来那么紧迫了。而且就在现在，几个科学家拟定出了一列附有论证的“物种清单”，希望能为后续的测序计划提供参考。

埃文斯与贡德森－林达尔通过四项准则来评估各种昆虫类群，来确定它们在清单上的排序。第一项准则是基因组大小：基因组越小，越容易测序，而我们已经对很多主要类群昆虫基因组的大小有所了解了。正如前面提到的，苍蝇、蝴蝶、蜜蜂与蚂蚁都拥有较小的基因组，而蚱蜢、蟋蟀、蟑螂与衣鱼（silverfish）——常在图书馆中出没，外形古怪的无翅小昆虫，都拥有相当大的基因组。在储存基因组数据的中心数据库（GenBank）里，有的类群，特别是蝇类，已经有关于蛋白质序列的大量数据，这对于展开新基因组的注释会有很大帮助。埃文斯与贡德森－林达尔也同样把每个类群中昆虫物种的多样性纳入了考量。他们提出，我们应当在测序上更侧重多样性丰富的类群，因为这些类群大，参与研究的科学家也会更多。最后，他们考虑的是昆虫对人类的影响程度，当然，你也许已经想到，行踪诡异的衣鱼在这一点上得分不会太高。总体来说，他们的清单里有更多的蝇类，更多的社会性昆虫，像是蜂类与蚂蚁，还有更多的甲虫，而其中也夹杂着某些蛾类与蝴蝶的名字。

甲虫，特别是蜣螂，是生物学家罗纳德·詹娜（Ronald Jenner）与马修·威尔斯（Matthew Wills）的最爱。他们认为雄性具有多变头角的嗡蜣螂属（Onthophagus）特别符合接下来测序的要求。就像鹿与驼鹿的角一样，雄性嗡蜣螂的头角发育更为完全，这是它们争夺异性时使用的主要武器。这种性的二型性让科学家得以研究两性间差异的遗传学调控机制。此外，头角的大小也与蜣螂成长的环境有关，幼期营养越充足的个体拥有的头角也越引人注目。这能为研究基因在外界刺激下的开关调控机制提供宝贵资料。

通过与埃文斯和贡德森－林达尔类似的判断准则，蚁类学家与昆虫摄影师艾利克斯·维尔德（Alex Wild）在考虑最适合基因组计划的蚂蚁物种。他最终选定了七种蚂蚁，包括热带中美洲的切叶蚁。如它们的名字所描述的一样，切叶蚁会把树叶啃咬成小片带回巢中，嚼碎后为它们主要的食物来源——菌圃提供养分。蚁属（Wood ants）的成员是另一类维尔德的最爱，因为属内有多种社会性寄生现象，而基因组测序能让我们对这类罕见的生活史类型有更充分的了解。在维尔德的讨论中，有人支持他所推荐的另一种蚂蚁——蜇人极其疼痛的子弹蚁。尽管这种热情更像是源自一个受害者对复仇的渴望，而非任何其他生物学理由。

在未来，很显然我们并不缺乏基因组研究的物种。我已经对衣鱼觊觎已久——它们的交配方式十分独特：雄性衣鱼会在物体表面纺丝，比如树枝或是地上，然后把精包留在丝垫上。接着雄性会哄雌性走过丝垫，而在此过程中雌性会用生殖孔拾起精囊。当精子进入身体后，雌性会把剩下的部分吃掉。这种颇有距离感的交配行为背后的遗传学故事，一定十分有趣。

第三章　昆虫的个性生活

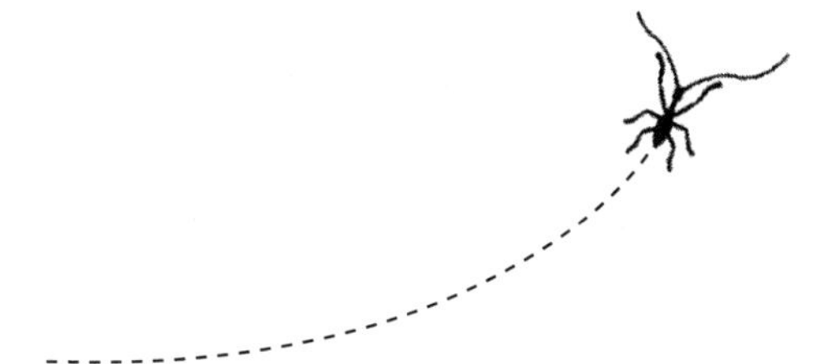

昆虫的性格

在迪士尼电影《石中剑》里，怀特（T. H. White）描绘了魔法师梅林（Merlin）教育年轻亚瑟王的方式。他把小男孩华特（Wart）变成了各种走兽：有时是鱼，有时是蛇，有时是獾；只有一次，他把年轻的华特变成了昆虫，而这仅仅是因为华特被困在自己的睡房里，梅林则隔着门向他喊话，然而更加高级的魔法也更难穿过钥匙孔。（其中的逻辑性我从小到大就一直没有弄明白过，因为梅林同时也拥有各种其他高端的能力，但也许怀特是觉得，某人之所以被变成昆虫，一定是有某些原因的吧。）不管怎样，华特变成了一只蚂蚁，而他对自身的转变并不高兴。比如，他并没有因为自己能举起超过自身体重的重量，有灵敏的嗅觉或是在垂直表面行动自如的能力感到激动。反之，变成蚂蚁的小男孩被身边蚂蚁同伴个性的缺乏所震惊了。每一只蚂蚁（“都戴着头盔”）都彼此一模一样，无条件地服从蚁后的指令，隧道顶部的标语写着：“凡事没有被禁止，便是义务。”而华特“尽管不知道是什么意思，读起来时却并不喜欢”。

尽管蚂蚁拥有众多不讨人喜欢的品质，其中最让人脊背发凉的是它们其实是小小的自动机，没有自身独立的思想，仅以数字与字母命名；而它们重复的工作，像是采集食物与埋葬死去同伴，让任何一只蚂蚁去完成，都是一样的。人们对昆虫，特别是像蚂蚁和蜜蜂这类社会性昆虫的成见，与科幻小说中无数反乌托邦的理念不谋而合。其中人格化最得力的，便是《星际迷航》里的博格人（Borg）了。这些半机械化的生命体，会同化他们所接触的一切其他生物形式，并在开战前吟诵“反抗无用”的论调。他们拥有一个女皇，总在不停地工作，而最重要的是，像怀特书中的蚂蚁一样，他们为了集体的成功，牺牲了自我意识。

对我们来说，没有什么比自我的独立性更加重要了，而我们把人格的差异作为人性存在的证据。不同的文化对于个体效忠组织的接受程度各有差异，但就连最为死硬派的共产主义者，也不会欣赏压抑人性，全体国民无条件效忠国家的社会形式。个体的独立性是人类对于自身自私本性的一种托词。我们会说我们的宠物很有个性，或者愿意相信某只特别的大象或是大猩猩也许特别勇敢或是害羞，自信或是忧虑，但这一切在脊椎动物之外就戛然而止了。总的来说，无脊椎动物，特别是昆虫，常被认为是千篇一律的。也许我们之所以如此害怕成群的蝗虫或蜜蜂，某种程度上是因为它们在我们眼中就如同自动机一样：每一只个体与其他个体之间都是可以互换的，因此，杀死一只个体对于种群而言没有任何影响。它们就这样在我们眼皮底下繁殖增长，像僵尸一般不屈不挠地生活在我们的农田与厨房里。

但是，如同其他众多对昆虫的思维定式一样，这一次我们又错了。它们的确拥有个性，虽然也许只是昆虫的版本。这让我们开始质疑不仅在其他动物中，也包括人类在内，个体差异的意义与功能。个体意识也许是我们的骄傲，但个体意识到底有什么现实作用呢？而且，如果有无个性并没有让我们独立于其他生物，那又有什么能做到这点呢？

尖刻的胡蜂与大胆的蜘蛛

尽管心理学家能为个性的定义争论不休，大多数定义都包含了某些在感知与行为上保持特立独行的个体。一个今天有进攻性的人，明天也还会保有进攻性；而如果在会议室里具有进攻性，那么在篮球场上也会是一样的。我们也会提到气质，一种我们与生俱来的特质，在成长中影响着我们性格的形成；一个挑剔的婴儿，可能长大后会时常焦虑。得克萨斯大学（University of Texas）的心理学家萨姆·高斯林（Sam Gosling），在研究动物的性格特质时提到，"在某些情况下，使用'气质'这个词完全是为了避免使用'个性'，因为有的生物学家把这个词与人格化联系在一起了。"

的确，说某种生物拥有个性似乎就意味着同样拥有感情，这似乎对某些人而言会难以接受。然而，许多早期的学者，包括达尔文在内，很轻易地完成了思维上的这一跳跃。达尔文关于这个问题写了整整一本书——《人类与动物的感情表达》。虽然达尔文把主要精力集中在哺乳动物身上，比如狗咬牙切齿的行为在人类的情感表达中的对应成分，但他并没有把昆虫排除在外："许多昆虫都会摩擦某些特定的部位发声。这种发声机制通常用于求偶，但同样也被用于表达不同的情感。每个养蜂人都会知道，蜜蜂在生气的时候会改变它所发出的'嗡嗡'声；而这是蜜蜂对你发出的，你有可能被蜇的警告。"

我的能力完全没达到能反驳演化生物学鼻祖的程度，但我并不这么看。只因为养蜂人——或达尔文自己——能预测蜜蜂准备攻击的时机，并不意味着蜜蜂的内心就一定充斥着怒火。这只意味着养蜂人解读蜜蜂动机的能力更高罢了，就像天气预报员能通过风速和积雨云的特点来判断风暴的到来一样。万物有灵论者与诗意的解读先暂且不谈，我们不能因此说风暴是愤怒的。

与大多数现代生物学家一样，我认为昆虫是有个性的，但如果认为它们拥有人类的情感，就有些冒失，更不用说拟人化的嫌疑了。想了解另一种生物在想什么，实在是太难了，就算是解读我们同类的想法，也并不容易。我们可以放心大胆地说，不管蚂蚁在想什么，它与人类的想法肯定是不尽相同的。许多动物，包括昆虫在内，并无面部表情可言，这使我们了解它们的内心世界变得更困难了。我们在看着蝴蝶的眼睛时，很难把自己与蝴蝶躯壳内的生灵联系在一起。面部表情的解读是我们了解对方心情与个性的重要标志，因此很多缺少皱眉与挤眼的物种（更别说到底有没有眼睑了）意味着我们必须通过其他的线索来解读动物的个性了。

然而，就像看待昆虫生活中许多其他方面一样，我感到昆虫缺乏人类情感既让人深思，又使人宽慰。昆虫之所以让人深思是因为如果昆虫缺乏感情，那么它们的个性又从何而来？昆虫让我们迫切地问关于它们的一个又一个问题，让我们无法草率地把它们与我们概括在一起。昆虫之所以让人宽慰，是因为它们生活在自己的世界里，远离人类行为的种种约束与假设，却也生活得多姿多彩。我们会想——其实我们知道——如果没有感情，我们便会成为自己恐怖的阴影，而我们也认为人格的形成与我们认知这个世界的方式有关。但如果昆虫拥有个性却没有情感，我们便需要再努力寻找个体间人格差异的根本原因了。也许人格就是一组特质的集合，就像体型一样；一个人的体型魁梧或是苗条，取决于四肢的外形，关节的大小，手指的长短等这些特质的集合。身形的各个组成部分与人格的并不一样，但其实二者是一回事，而在这里，昆虫又一次向我们展示了极端简化的可能性。

并非所有的科学家都同样乐意接受昆虫缺乏感情这个说法。唐纳德·格里芬（Donald Griffin），作为蝙蝠回声定位细节的发现者与从20世纪50年代至今的动物通信领域的研究人员，在他的晚年花了很多年的时间试图说服其他科学家，除了人类以外的动物，不管是海豚、黑猩猩还是蜜蜂，都拥有意识。他挑战了主流的认知，认为不管是意识，还是意识的延伸——情感，都太主观了，我们永远无法知道其他生物也拥有的类似特质。相反，他从实用主义的角度对意识进行了重新定义——“对于改变中的环境与挑战具有改变自身行为的适应力。”按照这个定义，昆虫无疑达标了，而格里芬对社会性昆虫，像是蚂蚁与蜜蜂复杂的沟通形式也很感兴趣。有的科学家认为，昆虫微小的脑容量与迥异的神经系统构成不足以形成意识，但他对此不以为然，反问道：“到底有哪些证据支持了只有脊椎动物的中心神经系统才能够形成想法呢？……某些昆虫的行为比之前所认为的要灵活得多。大概这些新的行为学证据能修正我们长期以来把无脊椎动物比作自动机的观念吧。”

在我看来，我们了解昆虫是一件好事。但是，我觉得站在我们的立场上推演昆虫——一类与我们差异巨大的生物存在意识，就未免太站不住脚了。说昆虫有意识，或是说它们有着多变的性格，都暗示了它们与我们之间的相似性。而人们便会自然地认为它们是披着几丁质（chitin）外壳的小人，而忽略了它们事实上到底在干些什么。长远来看，我更喜欢把它们看作昆虫本身，而不纠结于到底它们是否有存在意识。

因此，科学家的研究主要依赖动物的各种行为，通常在实验室受控的环境里，来了解它们的个性差异。如果你把一只老鼠放在一个空房间中央，究竟它更倾向于探索房间，还是蜷缩在角落里呢？另一只老鼠会有一样的表现么？而如果某只老鼠是勇于探索的类型，这是否也意味着它对同类也更富有攻击性呢？事实证明，的确如此。“大胆—害羞连续体（bold-shy continuum）”已经在多种动物以及人类中有所记录，而演化生物学家大卫·斯隆·威尔逊（David Sloan Wilson）在这个领域取得了一些里程碑式的成果。他指出，不管是人还是太阳鱼（他最喜爱的研究系统），害羞与失败者之间都不存在等号；换句话说，大胆也比简单地支配食物与选择筑巢地点要复杂得多。相反，不同个体在连续体上的位置是不受其他因素影响的，比如它们的个体大小，以及它们赢得争斗的可能性。

在过去的几年里，生物学家发现某些动物个体，不管是鱼类、白鼬还是果蝇，都倾向于展现出一套可以预测的行为特质，而非仅仅在一次试验中展现出大胆（boldness）或害羞（shyness）的性格。这种可预测性体现在两方面。第一，一只面对捕食者表现出大胆的个体，攻击同类的倾向也更强。因此在某种特定情况下的行为，可以用于预测相同个体在另一种情况下的不同行为。第二，今天大胆的动物，明天也会保持大胆；而畏缩不前的个体也会一直保持畏缩不前。为了防止过度拟人化，抑或是纯粹对专业术语的热爱，科学家通常把这些可重复的特质组合称为行为综合征（behavioral syndromes），这个词对我来说似乎有些病理学的味道——不知道有没有行为综合征患者互助群呢？无论如何，生物学家的确会用大胆与害羞来形容动物，特别是鱼类。不知什么原因，大胆的太阳鱼指那些更倾向于检查新引入水缸中的捕食者，以及对实验室环境适应更快，吃得更香的个体。这些行为学特质能导致意想不到的结果。大胆与害羞的太阳鱼甚至连身上的寄生虫也存在差异，这大概是因为两种个体不同的活跃程度意味着它们生活的环境也有可能存在细小的差别，而这也使它们暴露在不同的疾病之下。

但无论如何，科学家并没有尝试在动物身上测试人类的五大性格特质：经验开放性（openness to experience）、尽责性（conscientiousness）、外向性（extraversion）、亲和性（agreeableness）及情绪稳定性（emotional Stability）。这其中有太多需要自我报告，但从外在行为方面分析，也并非不可能。例如，动物在群体中打斗的频率，或是穿过笼子所花的时间。高斯林特别提到了标准在对比中的重要性；毕竟，他指出，如果有人想知道房间里的一条黑曼巴蛇攻击性到底如何，如果“它在上一个小时内才咬了两个人，比这种蛇的平均攻击次数少多了”，那么答案大约是否定的。当然，贸然走进房间仍是不明智的选择。除了人格测试外，其实也有一套给马制定的性格测试问卷，其中包括了对于支配性、焦虑性、兴奋性、保护性、社交性及好奇心的考量。为何马的测试有六项标准，而人只有五项？这是一个有趣的问题。

请记住，有不少各式各样的动物，包括某些昆虫与蜘蛛在内，行为表现出了连贯性。例如，生活在池塘边，以水边昆虫为食的捕鱼蛛（fishing spiders），不同的个体捕食时敏捷程度有所差异；而扑向猎物越快的个体，捕猎的成功率也就越高。乍看之下，似乎扑食越快一定越好，直到你了解到雌蛛扑食越热切，也就越有可能吃掉配偶。捕鱼蛛在面对可能捕食者攻击时会迅速躲入水中直到渡过危险，而这段时间能长达 90 分钟。加州大学戴维斯分校（University of California, Davis）的 J. 查德威尔 · 约翰逊（J. Chadwick Johnson）与安迪 · 西赫（Andy Sih）发现，不同雌蛛潜水避敌的时间各有不同，大胆的蜘蛛，也就是潜水时间较短的个体，捕食时也更加果断，也更乐于以轻敲水面的方式回应雄性的求偶。

由于蟋蟀是我的研究对象，我对蟋蟀富有个性的想法大概是有所偏倚的，而比起它们的近亲蚱蜢，蟋蟀的魅力就更不用说了。雄蟋蟀生性好战；在古代中国，人们会让蟋蟀在特别制作的竞技场里格斗，就像缩小版的斗鸡一样。斗赢的蟋蟀身价很高，它们的英勇甚至被写进了诗里。果不其然，我的直觉是对的！最近，雷恩·柯尔特（Raine Kortet）与安·赫德里克（Ann Hedrick）发现，一种北美蟋蟀，雄性间不只是在战斗能力上有差别，而斗赢的蟋蟀也更愿意在受惊后，从实验盒中的躲藏处爬出来。

水黾（water striders）是北美池塘与溪流中的常见昆虫；它们在水面上划行，伺机捕捉被困水中的猎物。而在交配季节，雄性水黾会跳到雌性的背上，试图交配，而雌性则常常想把它们甩掉。尽管在一般观察者眼中，水黾之间都看上去差不多，但个体间的活跃度同样存在差异——有的行动迟缓，而有的精力特别旺盛。精力旺盛的个体，攻击倾向也更强。安迪·西赫，这一次与詹森·沃特斯（Jason Watters）合作，他们在半天然的溪流里，把想法相似，或至少是行为类似的雄水黾分别聚集成群。于是，有的水黾群整体更加慵懒，而有的则更加强硬。研究人员接着把雌性引入群体，并同时统计雄性交配成功的次数。略有些出乎意料的是，在交配上最为强硬的一组雄水黾交配的次数并非最高。沃特斯与西赫发现，在这样的水黾群中常常会有“表现过度”的个体，它们对异性过度的追求很显然会把雌性吓跑。如同人类一样，霸王硬上弓很容易就过火了。

就连以行动一致而闻名的天幕毛虫（tent caterpillars），原来也有它们内在的独特性。天幕毛虫生活在树枝间散乱编制的丝网里，在爆发时，生活在一起的毛虫能达到几千条，而这时它们是严重的森林害虫。它们不断进食，前进的部队能扫清成千上万英亩[1]的树林。了解它们个体间行为上的差异，对于有效控制它们来说是很重要的。因此，这个领域受到了很多研究团队的关注。事实上，毛虫个体间的活跃与懒散程度能在几天内保持一致。我们得承认，一条毛虫在一小时内的观察期内到底吃了多少食物，或是活跃程度与另一条毛虫间是否相同，不是我们大多数人在想象一只拥有独特个性的动物时首先想到的那种情景，但这与传统上把它们与“博格人”等同的观念还是有所区别的。

而华特与T.H.怀特对蚂蚁的陈旧观念，也许根基也没有那么牢固。G.科洛日瓦里（G. Kolozsvary）在他1928年以《蚂蚁的心理学实验》为题的论文里，提到了蚂蚁的逃跑行为，而他发现不同个体间的“神经质（nervousness）”程度有所不同。其他

---

1 1英亩等于4046.86平方米。

近年来发表的文章描述了不同个体在照顾巢中幼体与对巢中同伴的反应方面各有差异。

因此，个性随处可见，就算未来的国王亚瑟（Arthur）拒不相信也无济于事。意识到这点后，最有趣的一项推论是，科学家可以开始从整体的角度关注动物行为。如果某一个体现在的行为能用之前的行为加以预测，我们也许就不应该继续认为每天、每个实验都是全新的了——在一组实验条件下观察一只蚂蚁、鱼或是蟋蟀与观察同样的个体在另一组环境中的实验，并非相互独立。这就意味着，就算是生物学家，至少在某些实验中，应该把实验用的动物当作独一无二的个体，而非可以随意互换的实验对象。我们以前对此避而不谈，唯恐把它们拟人化；但现在，我们似乎已经有了充足的科学证据支持，并不是每一只蚂蚁都是一样的！

她得从你们这一支继承而来

个性从何而来？换句话说，我们——还有其他动物——是否与生俱来？抑或是源于我们对生命的体验呢？研究昆虫时这是一类好问题。因为对于人类，还有其他具有复杂认知的脊椎动物，想要理顺两者的关系是几乎不可能的。我们人类从出生开始便没有停止与身边其他人的互动，如果相信胎教，那么这个时间还可以再提前一些。其他社会性动物，比如狗和某些灵长类，情况也是类似的。但昆虫之间的交流互动就少多了，而正如我不断重复的，我们还能更轻易地操纵它们的生活环境。因此，任何在幼期环境改变后仍保守存在的行为，一定是先天存在的；相反，如果某种行为在遗传上相近的个体间，比如分别饲养的兄弟姐妹间各有差异，那么就更可能是源于后天的经历了。

与许多特质一样，害羞与大胆似乎至少在某种程度上是可以遗传的。利用模式物种果蝇，玛勒·索科沃夫斯基不仅找到了导致果蝇幼虫好动（rovers）与好静（sitters）的基因，还进一步研究了基因编码的蛋白质。在人类对马、家犬与其他动物的驯化过程中，不仅得到了拥有特别身形的血统，而且很多血统都拥有特定的行为模式，比如寻回犬（retrievers）与凶悍的比特斗牛犬（pit bulls）；这意味着这些特质一定能从父母传给后代。大胆与害羞的人在看到熟悉与不熟悉的人的照片时，大脑中的反应会不一样，这表明这些不同也许与我们的遗传构成有关。

但就和很多其他特质一样，环境对大胆与害羞（或是人格的任何其他方面）都有影响。许多昆虫的成长缺乏亲代照顾，但亲代产卵的场所仍旧会影响它们长大后的行为。对于威尔逊的太阳鱼而言，大胆意味着对水池里陌生物体的探索比其他鱼要早，而在捕食者离去后愿意更早离开藏身处。这些大胆与害羞的个体在野外一直存在，只要威尔逊与他的团队愿意寻找就一定能找到。而在它们被带进实验室的水箱后，大胆的鱼会更愿意尝试新食物——片状鱼食，而不会像害羞的鱼一样，躲在角落，梦想着美味的蜗牛。但几周后，当它们已经完全适应了新居所，二者间的区别也就消失了。这体现在，不管原先大胆与否，它们都同样愿意靠近新事物。真实的世界，似乎保持了我们——或至少某些其他动物——的不同。这些结果让我们思考关于像监狱这样的机构所能起到的同化作用，或是城市生活本身，对我们人类的影响。可惜，我们这次没法找到合适的人类对照组用于比较了。

广泛存在于动物界的个性差异，对我们来说有两点启示。第一，这意味着形成性格背后的机制也许并非那么重要。在人类与其他哺乳动物中，我们把性格——像是懒散与神经质——归咎于，或者说推脱到了我们体内的激素上。我们之所以感到压力，是因为皮质醇或是肾上腺素升高；我们的邻居之所以冷漠，是因为随着他年龄增长，体内睾酮含量降低的缘故。但事实上，激素并非导致这一切的根源；相反，激素的差异仅仅是我们内在差异的生理学体现而已。我们的意识需要一个物质的载体，不管是脑中电信号的传导，还是血管中激素的变化。

可是，无脊椎动物并没有我们脊椎动物的内分泌系统，因此，它们的特质必定来自完全不同的生理学源头。研究激素是了解个性的好手段；但如果鱼类、蚂蚁与蟋蟀也都拥有个性，我们就必须把眼光放得更广，不能只在脊椎动物的组织与器官中寻找意识的来源了。

第二，如果某种特质是不同类群中一次又一次独立演化的结果，比如蝙蝠、鸟类与蝴蝶的翅膀，你也许就要考虑一下这种特质的优越性了。因此，考虑到昆虫的个性与我们如此相似，却又可以肯定是独立演化的结果，我们便可以断言，个性之所以存在，一定拥有某种重要的功能。

脸看着熟悉，但螯针却不一样

不同个性存在的一个暗含条件是区分不同个体的能力。如果你搞不清楚你到底在跟谁打交道，就算知道某人粗鲁、某人慷慨大方也是没有用的。年轻的华特惊异于所见蚂蚁的同一性，每一个体仅以数字与字母组合加以区分。（就像《星际迷航》中的博格人一样，是通过数字命名的。缺乏人类的姓名，大概也是为了说明他们人性的缺失吧！）因为所有的个体行为一致，区分它们，不管是从外表或是名称，都显得没有意义。但如果动物拥有个性，个体间在交流时把对方当作独立的个体，那么，它们之间就一定有互相辨认的方式。我们能区分我们的宠物，而我们在看自然纪录片时也很乐意接受以名字作为区分的大象与猫鼬个体。但这一套在昆虫身上是否也成立呢？

一只蟑螂或蚂蚁在我们的眼中与另一只同类一模一样。然而，当密歇根大学（University of Michigan）的利兹·蒂贝茨（Liz Tibbetts）给我看她研究的马蜂照片时，她把这一组面部照片称为“肖像照”，才知她在这里并无夸张。在她看来，它们之间的区别就像家庭假期拍的照片，或是庄园住宅里墙上的一组祖先油画一般。的确，当你仔细观察照片中马蜂面部的花纹时，它们三角形的脸的确各有不同：有的在额头上有几个黑点，有的在面颊上有大的黑色三角形花纹。在一个世纪里，昆虫学传统的观点认为，考虑到昆虫社会中众多的个体，我们对它们认知能力最高的期望便是它们能够把所见的个体纳入几个大的类别：雄性还是雌性、是否同巢伙伴、是否需要喂食；而外来的个体，不管怎样都是攻击的对象。也许这与拟人论恰恰相反：与其认为其他动物与我们有类似处，不如我们假设它们与我们完全不同。这两者都是并非基于事实的冒险归纳。越来越多的，像利兹·蒂贝茨这样的生物学家正在发现，至少某些昆虫所做的比看一眼邻居便武断地划分敌友要复杂得多。

马蜂与蜜蜂不同，生活在由较少雌性个体组成的小群体中。群体内每只雌性都有产卵的能力，因此在马蜂的群体内，蜂后与工蜂之间并无明确界限。蒂贝茨研究的其中一个物种是金马蜂（Polistes fuscatus），在建巢早期，雌性个体间会为了争夺统治地位大打出手。作为个体而言，巢群中的地位至关重要。因为，在这个等级社会中，地位越高，能得到的食物越多，需要干的活越少。而且，最重要的是，它可以产更多的卵，把自己的基因更多地传递给巢群的下一代。但蒂贝茨发现，就像其他生活在等级社会中的动物，比如狒狒，蜂巢中的争权夺利随着时间流逝便慢慢平息了，而马蜂之间也不会每次见面都重新打一架来决一胜负。

蒂贝茨猜测，马蜂会利用它们面部的图案来辨认与记住不同个体，而她验证的方法独到却很简单：它把马蜂的脸涂上颜料，看看巢中其他马蜂是否还能认出它是谁。为了把被蜇的危险降到最低，她会选择在一大早捕捉马蜂，因为这时气温较低，马蜂也表现得更加顺从。当涂色后的马蜂重新回巢，蒂贝茨便开始观察其他个体的反应。就像她预测的一样，其他马蜂的攻击性比涂脸以前强了不少，尽管这种攻击性在半小时后便逐渐平息了，这意味着它们已经重新记住了它们同伴的面孔。很明显，涂脸的马蜂并非简单地被其他同伴归入了宽泛额类别，像是“熟悉”或“不熟悉”，因为这是马蜂体表化学信号的功能。此外，如果被认定来自其他蜂巢，入侵者会被撕成碎块，或者至少立刻被赶走，而不是简单地被同伴欺负一下就结束了。另外，马蜂对画在脸上的具体图案并不特别在意——面颊上多一点黄色，抑或是两眼间画上了褐色的条带，受到的攻击是一样的多。这意味着马蜂并非利用面部图案作为个体大小、年龄或是其他品质的指标，而图案本身仅是身份的真实标志；例如，面部拥有两个黑点，并不是说“离我远一点，我很壮，很不好惹”，而是“我是萨姆（Sam）”，或是“萨曼塔（Samantha）”。

另一种马蜂（P. dominulus）的面部图案就与体型大小和统治地位有关了，雌蜂会特别注意面部黑斑的样式。黑斑越零碎，表明该个体越强健，体质越好，但其中的原因仍不得而知。这一次，蒂贝茨通过涂色，让有的雌蜂看上去更强势，有的更弱势，然后让它们在实验室里守卫提供的糖块；在野外，马蜂主要以花蜜为食，但在人工环境下它们对糖也很接受。被涂色的蜂，不管看上去强势与否，都有自己守护的糖块。接着研究人员把另一只马蜂引入试验箱。马蜂会分享食物，但想要和强势的马蜂一同进食，就得花一番工夫了。正如你想的那样，后到的马蜂更倾向于选择由面部图案更弱势的个体把守的糖块，因为弱势的图案意味着失败者，与之分享食物的风险就更小了。另外，蒂贝茨设计让陌生的马蜂碰面，如果本来弱势的马蜂被涂成强势的样子，就更有可能被真正强势的马蜂痛打一顿，这说明就连马蜂也不喜欢骗子。有趣的是，其他研究同种马蜂的研究人员发现，身形大小，而非图案本身，在意大利马蜂种群里起到了划分社会等级的重要作用。（蒂贝茨研究的是北美种群。）为何会有这种差异还不得而知，也许与当地季节性食物短缺导致的发育不良有关。

个体识别更倾向于在具有复杂社会行为的胡蜂物种中演化，而那些个体间只有简单交流，或是生活史很短的种类就不那么合适了。有些种类的马蜂，蜂巢总是由单一雌蜂所筑，而壮大蜂巢的责任则由它的后代（女儿）们承担。其他种类，多只雌蜂会合力筑巢，并同时在巢中产卵，而这也导致了上述种种争权夺利，钩心斗角。第三类马蜂中，以上的两种情况都能观察到。这些不同情况下生活的马蜂，需要的手段也各有差异。正如我们所想，在多只雌蜂共存的等级社会中，个体间的行为模式变化多样，而他们面部的图案变化也最为复杂。

华特的蚂蚁表现又如何呢？与他的经验相反，它们也能识别不同个体，尽管与马蜂不同，它们并没有各式各样的面部图案。相反，蚂蚁利用的是化学识别，而这些化合物来源于蚂蚁外骨骼散发的气味。我们很早就已经知道，蚂蚁与许多其他昆虫把这些化学信号用作公告栏——“我和你们是一伙的，让我过去！”或“我是女生，六点前都有空！”尽管我们知道这些信号的存在，但我们却一直认为它们仅在少数特定条件下使用。不过，丹麦哥本哈根大学（University of Copenhagen）的帕特里夏·德托雷（Patrizia D' Ettorre）和他的同事想验证，是否某种蚂蚁的蚁后之间也存在与马蜂类似的行为。

大多数的蚁巢中只有单一的蚁后，它在婚飞（mating flight）交配后便自行脱去翅膀，在地下挖洞筑巢，在自己的余生中不断产卵。但一种分布在从得克萨斯州南部到阿根廷的厚节猛蚁属的热带蚂蚁（Pachycondyla villosa），几只年轻蚁后（一些旧文献称它们为公主，但这一术语现在已经不怎么使用了）会联合起来，在朽木中筑巢；而它们也拥有等级森严的社会结构与各种分工。跟马蜂一样，如果蚁后间能识别对方，那么在决定该谁去清理垃圾的时候就容易多了。德托雷为了测试这一想法，从巴西采集了一些年轻蚁后，并将它们配对，让它们在实验室里建立起支配与臣服的关系。蚂蚁会通过撕咬、螫刺与触角拳击等方式较量，直到一方败下阵来。接着，每只蚁后都被安排再次接触它们的老对手，或是另一只陌生蚁后。在某些实验中，德托雷麻醉了被试蚂蚁所接触的蚂蚁，来确保起作用的就是气味本身，而非行为上的强势与弱势。在所有的实验里，强势与弱势的蚁后都认出了它们的老对手。对蚂蚁外骨骼表面的化学成分的分析表明，没有任何化合物与蚁后的等级存在相关性，这证实了蚂蚁的气味作用并非其进攻性的体现。更惊人的一点是蚂蚁的记忆力：就算在分开 24 小时——对于只能活几周到几个月的蚂蚁而言是很长的一段时间——以后，二者间还能够认出对方，并按照之前定下的规矩继续生活。（但二者见面后是否有一段相对无言的回忆过程，像是“你闻起来很熟悉，但我就是想不起来我们在一起时谁打赢了”，并没纳入讨论。）

最后，能够区分黑色或黄色的小色块，还能记住谁有怎样的特征，对这类行为复杂的昆虫的脑来说，究竟意味着什么呢？在许多动物中，控制常见行为的脑区会比其他不怎么使用该行为动物相应的脑区要大；例如，蝙蝠与猫头鹰掌控听觉的脑区就大得不成比例。神经生物学家沃飞亚·格罗嫩贝格（Wulfia Gronenberg）与莱斯利·阿什（Lesley Ash）检查了蒂贝茨的马蜂，以及一些近缘的物种，并发现能够认出面孔，并不意味着拥有更大的脑容量或是视觉中枢。有趣的是，拥有识别能力的马蜂，嗅觉中枢的区域会略小。与此相反，另一个脑区——蕈形体（译注：节肢动物脑中的一对结构，对于嗅觉识别与记忆有重要作用），则比预料中的要大，但其中的不同是定量而非定性的差别。这意味着同类行为也许在马蜂中并不罕见，而只要我们用心寻找，类似的行为就很有可能会在其他物种中发现。

个性与演化

尽管对于生物学家而言，动物个体间个性的差异还算是一个新颖的想法，但个体差异本身对生物学家来说却一定不会陌生；因为这是生物演化之所以成立的一个重要条件。在自然选择的作用下，一些个体在繁殖中的优势更大，而它们优秀的基因在种群中的频率也会随着时间推移而提高。但如果把动物的个性看作某种相对保守的行为学差异，似乎这就跟演化生物学存在冲突了：如果个体间各有不同，难道某些个体不会在生存竞争中更具优势？而如果这一点成立，为何在自然选择的作用下，更成功的个体并没有完全取代其他类型，最后只剩下最适合某种环境的个性特点呢？

这个问题其实是一个更大的问题的延伸。这就是，到底是什么，维持了自然界中数量惊人的差异类型？当然，能联想到雪花固然不错，但生物毕竟与雪花是两码事。突变是生物 DNA 序列的改变。突变会自然发生，而像辐射这样的外力则可以加快突变速率。我们知道，突变为演化提供了原材料。但突变只是各种差异的根本来源，却不能解释为何个体间的差异会在种群中稳定地世代存在。

科学家拥有一些理论来理解遗传学差异是如何在种群中稳定存在的——从简单的自然选择在某些情况下，也许还没有机会完全除去失败者的基因，到复杂的基因连锁理论。这些理论中有不少也能应用于理解个性在种群里的维持，特别是优势与劣势相互抵消的理论。例如，对雌性蜘蛛来说，特别勤于捕食，意味着更高的生存机会，而这也是自然选择所青睐的：天平因此向“能活到繁殖后代的年龄”倾斜。但对待可能的配偶过于强势（把配偶当作食物），或许意味着无法得到足够的精子为卵受精，而这也让天平重新平衡。另一方面，如果对配偶过于友善，那么不可避免的，在捕食上也就没那么积极了。每一种个性在不同的环境中都有各自的优势与劣势，而它们之所以共存，便是优劣相抵的结果。

当然，拥有某些特别的性格特质不一定就必须要放弃什么。有的个体在这方面便属于常胜将军；而如果某种行为在所有情况下都是有利的，那么，拥有这些特质的个体会像从不用付出代价的强盗一般。例如，特别活跃，有利于获得更多食物，更容易找到配偶，同时在暴风雨前也更容易找到躲避处。尽管我们纯理性的一面会认为任何行为都有其代价，但有时这种代价是可以忽略不计的。这些占尽优势的特质，最终的确会导致种群内差异性降低。

此外，如果周边环境变化莫测，拥有某种个性可能会成为优势。安迪·西赫把这与在股票市场中投资进行对比。如果你对即将发生的情况一无所知，那么你最好按兵不动，而不要在股市里投机倒把。这对于现今的经济状况而言，是多么有先见之明！对于动物来说，在被捕食概率未知的前提下，时刻保持警觉，也许是一个好选择，这像是一种“紧张不出大错”的态度。另外，如果动物知道附近没有捕食者，那么便可以更加放松了。在不同的情形下，动物可以有不同的表现。

不同行为模式在种群内得以保存的另一种方式，是因为某种模式的优越性依赖于其他模式在种群中的普及程度。例如，在主要以好静、谨慎个体为主的水黾群体中，只要鲁莽的水黾数量不多，这类活跃、大胆的水黾便能占据优势。但是，当这些行动迅速的个体逐渐占据主导地位后，谨慎的个体也同样存在优势，这也许是因为它们被捕食性蜘蛛吃掉的可能性更小。以此类推，尽管在数量上有相对波动，两类个体却都能长期存在。

类似的，一些研究人员，特别是加州大学戴维斯分校的茱蒂·斯坦普斯（Judy Stamps），提出不同个性的利害关系也会受到个体成长速度和后代数量的影响。如果你努力生活，早早死去，但长得更快，产子更早；那么，你在下一代中留下的基因也许就和某些成长更缓慢，活得更长，繁殖更慎重的个体差不多了。换句话说，你的个性与生活可以更像兔子，或更像大象，但仍属于同一物种——作为同一个物种的两个极端。此外，两种风格能在演化中长期存在。但大胆、具有攻击性的特质，是否与活得更短、后代更多有关，还需要做更多的推敲。

另一项关于性格演化的推论是，性格使我们的行为不那么灵活。在一篇关于动物性格的近期研究综述里，伊利诺伊大学的阿里森·贝尔（Alison Bell）提到："动物行为改变的程度比应有的程度更低。”“应有的”这个词在我看来有些妄下判断的意味。（动物行为如此复杂灵活，我们科学家能否简单做出判断呢？）请回想拉尔夫·沃尔多·爱默生（Ralph Waldo Emerson）的告诫：“愚蠢的一致性是寄居在狭隘心灵里的妖怪。”有时候想到昆虫与我们同样顽固不化，感觉很不错，但到底是什么造成了这种局限性？贝尔推测，在某些情况下，就算理论上有好处，个性的改变也十分困难；从根本上改变激素与神经系统对于基本的生理学来讲，改变太大了。如果同样的演化付出与回报对人类的性格同样适用，我们也许就能理解为何某些明显事与愿违的人性缺陷依然顽固存在，以及我们人格之所以存在的原因。

如果物种缺乏情感，我们还能“对它们有特别的感觉”吗？

在伊夫林·福克斯·凯勒（Evelyn Fox Keller）所著的关于诺贝尔奖获得者巴巴拉·麦克林托克（Barbara McClintock）的传记里，这位遗传学家的成功被部分归结于她“对生物的感情”，一种超越了传统数据收集的科学态度。凯勒描述了科学家应该如何将自己沉浸于研究对象微小的细节中，“了解它如何生长，了解它每一部分，了解什么时候它会出问题。”这本传记——《对生物的感情》（*A Feeling for the Organism*，又译作《玉米田里的先知》），证明了科学不仅需要事实与图表，同时也需要探索未知的研究人员倾注自己的感情。

这一切听起来让人振奋鼓舞，直到你发现麦克林托克着迷的对象是农作物玉米。暂且不谈对花园里番茄关爱有加的兴趣爱好者认同除了宠物，或者像是狼或者渡鸦等少数动物以外，任何其他对生物的情感都显得有些博人喝彩。但按照凯勒的说法，麦克林托克感到人们有一种“低估生物可塑性的倾向”。如果这种倾向对玉米来说成立的话，那么对于昆虫来说一定更是如此了。认为昆虫全都一样，有一样的反应与一样的生活，曾经是不容置疑的，正如T.H. 怀特所描写的一样。但现在，我们对它们有了更深入的了解。著名昆虫学家，《了解一只苍蝇》一书的作者与昆虫神经生物学领域专家文森特·德蒂尔，苦恼于他研究对象拥有内在生命的可能性。在1964年关于昆虫与脊椎动物脑结构连续统一的文章里，他写道：“也许这些昆虫是沉睡中的小机器，但看着它们坚硬的外壳，它们目不转睛的样子，以及它们无声的表现，一个人不得不心想，那里面是否真的是某个灵魂的居所。”在近一个世纪后，当我们重新审视个性，答案似乎是肯定的。

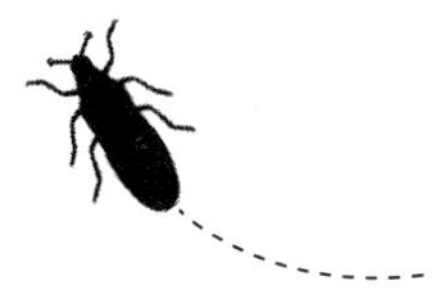

第四章　宋飞与蜂后

在电影《蜜蜂总动员》里，杰瑞·宋飞（Jerry Seinfeld）扮演的是一只懒散的蜜蜂，它期待着每天单调工作以外的生活。不过，其中把蜜蜂描绘成雄性的不准确性，与这种认知的普遍程度一样，在我看来十分扎眼。没有人，包括我在内，会期待电影在所有的细节上都忠于事实。但差之毫厘，与谬以千里之间还是有所不同的。动物会说话是一回事，但电影在描述蜜蜂上的错误就如同太阳绕着地球转，或是电视里医生担心病人贫血是缺铅而非缺铁一样荒谬。

发现电影中的贝尔时代前的电话"啊哈"的那一刻，心中的优越感会超过专业领域内的大牛。在我看来，对社会性昆虫性别严重无知，至少会导致两个问题。第一，这会使我们对于性别角色的世界观保持扭曲；而长此以往，这对我们自己的社会来说，也是有害无利的。第二，如果你认为昆虫世界里的所有事物都和我们人类世界相对应，你也许就会错过不少东西。昆虫的性别角色的真相，跟很多与昆虫有关的事物一样，远比科幻小说要有趣得多。

“他的腿上满载着甜蜜”

民众不知道，他们见到的绝大多数蜜蜂和蚂蚁，其实是雌性的。当然，这对我来说，早已不是件新鲜事了。上面的小标题来自 19 世纪中叶英国诗人查尔斯·斯图尔特·卡尔弗利（Charles Stuart Calverley）的诗作。卡尔弗利被誉为“学院派幽默”之父；而作为大学教授，我觉得这一称谓既令人神往却又难以捉摸。他写了好几本关于诗作的书，其中的《飞离》（*Fly Leaves*）包含了以下的几行诗句：

当他的腿上满载着甜蜜，
从草场的方向，蜜蜂归巢。

就连本杰明·富兰克林（Benjamin Franklin）也没有逃出这一思维定式。他在写给一位他正在追求的女士的信里，有几行威廉·普尔特尼（William Pulteney）的诗句：

贝琳达（Belinda），从远处花丛中归来的，
蜜蜂满载而归，回到他的蜂房。
你能察觉他大快朵颐的是什么？
这又是否削弱了他的外表与嗅觉？

富兰克林与卡尔弗利，跟来自迪士尼、皮克斯等电影工作室的人一样，都追随着一种从古阿拉伯与古希腊时期延续至今的传统观念。他们认为有一只蜂王，或者说“蜂父”，掌管着整个蜂群，而蜂王的追随者大概也都是雄性；尽管在这一点上，还多少存在一些争议。古希腊人已经能够区分不同类别的蜜蜂，雄蜂（drones）比工蜂要大。尽管他们对这类蜜蜂明显的慵懒并无好感（雄蜂待在巢中，直到婚飞时才会离巢，而在留居巢中的这段时间，它们由工蜂喂养，并不出外采集花蜜与花粉），但它们却无法确定雄蜂的性别。这或许在一定程度上是因为，古希腊人已经意识到蜜蜂蜇人的能力，而他们无法接受拥有如此武器的动物会是雌性。

类似的，当看待包括蜜蜂与蚂蚁在内的大多数社会性昆虫抵御外敌时，不少阿拉伯文明喜欢把巢群与军队联系在一起，而

在等级森严的军队系统中，雄性既能担任军官，也能成为士兵。（螯针源于雌性的产卵器，但工蜂总的来说并不能繁殖。）亚里士多德（Aristotle）试图理性分析这一问题，但很快便碰到了难题。这是因为如果有螯针的蜜蜂是雄性，那么这便意味着雄蜂是雌性，而他无法接受在蜜蜂社会中，照顾后代这种事情会落到雄性的肩上。他最终认为蜜蜂一定是雌雄同体的生物，就像许多植物一样；但而后又陷入了蜂群中为何只有蜂后（他将其称为领导者）具有繁殖能力的疑问中。

在《亨利五世》里，莎士比亚（Shakespeare）提到“慵懒地打着哈欠的雄蜂”与蜂王时，也完全没有意识到这些巢群里不干活的成员其实是雄性。其实，生活在19世纪的卡尔弗利，对蜜蜂的了解应该更为深入才对。这是因为，蜂后性别的问题，在17世纪晚期就已经确凿无疑地确定下来了。许多作家与养蜂人早已猜到了真相，但德国显微镜专家简·施旺（Jan Swammerdam）通常被认为首先论证了蜂巢中雄性的“蜂王”其实拥有确凿无疑的卵巢，并且负责在蜂群中产生新的个体。施旺出版了两本拥有蜜蜂、蚂蚁及一些其他生物解剖学与生活史细致插图的书籍，而其中的某些内容在20世纪前，都是无可比拟的。他必须自己制造各种微型工具，并把当时原始的放大镜设法为自己所用。据说，他在 1668 年曾在公共场合解剖了一只传言中的“蜂王”，而我不得不承认我很难想象当时会是怎样的一番景象。固然，当年在受过教育的人当中，知识的传播与如今相比大有不同，但想一想当时这一新闻的传播途径，也不失为一件趣事：“嘿，你听说了吗？我们的简·施旺要在下周二当众剖蜂！谁知道他会展示怎样的结构！我们到时候去吧——我会买好蜂蜜酒。”你觉得他需要售票吗？

不论如何，施旺正确地找到了蜜蜂的幼虫、雄蜂、工蜂与蜂后间的解剖学区别。问题的下一步，便是揭示蜂后是如何产生其他的类型，因为在当时从来没有人见过蜜蜂交配。在这个问题上他也未必有先见之明。他提出了“精气论”：雄蜂的精子能通过某种方式在空气中像气味般传播，而这便足以让蜂后受精。施旺发现蜂巢中的雄蜂会散发一种独特的气味，便因此认为这股气味能起到远程受精的作用。为何这次他会满足于自己的理论而并没有加以验证，我们还不得而知。特别是他在其他著作中透露出了种种进步的、实验性的探索精神。有一回他甚至提出了一种验证“精气论”的想法，这需要让观察者决定“到底关在细网笼里或者扎了洞纸盒里的蜂后，能否通过接触雄蜂气味而受精”。

施旺的想法终究受到了所处时代的限制，而蜜蜂交配的过程在之后的几百年后依然迷雾重重，尽管有些18世纪的科学家发现蜂后有时回蜂巢后，生殖器官上还连着雄蜂的生殖器。终于，在20世纪中叶，博物学家发现了雄蜂群聚（drone swarms）现象——成群的处雄蜂在蜂巢附近聚集。在一年中的某个特定时期，如果你知道到哪里观察，你便能听到这些追求者们发出的“嗡嗡”声。我的昆虫学教授同事带我们去观察了一次这样的群聚场景，尽管我们能听到声音，却看不到蜂群。但当他往我们头顶抛出一块小石子，群蜂便争相猛扑，试图抓住飞过的物体。年轻的蜂后飞进这样的雄蜂群中，便立即遭到众雄蜂的追求；当蜂后越飞越快，能跟上它的便只有最热情的雄蜂了。最终，它会与一只或多只雄蜂交配；雄蜂会在交配后立即落地死去，而蜂后则带着它们的精子回到蜂巢中。

性与蜂蜜

蜜蜂与人类社会间的各种对比，包括性别角色在内——或者根本不存在——在很长的一段时间内都十分流行。蜜蜂的社会生活，勤劳与为群体利益的自我牺牲被很多古代文明视为样板，一种人类仰慕的境界。而蜂巢也成了从共济会（Masons）到摩门教（Mormons）等众多组织的标志。一旦蜂巢建立，工蜂便不会交配，而这也为某些人对女性行为的约束提供了依据。在蜂后交配行为发现以后，查尔斯·巴特勒（Charles Butler）创作的《巾帼王朝》终于在17世纪早期出版了。这本书用通俗的语言向大众阐述了种种关于蜜蜂的新发现。巴特勒写到，雄蜂比雌性工蜂发出的声响更大，这与公鸡比母鸡叫声更响亮是一个道理。但这似乎就方便地避开了新蜂后会在刚出蜡质巢室后，就会发出比雄蜂“嗡嗡”声大得多的尖锐噪音的事实了。这类发出噪音的蜂后另一处不那么女性化的地方是，它们会试图杀死任何巢群中同时羽化的蜂后同类，但这种行为在书中同样没有提及。同样，蜂后在理查德·雷姆南特（Richard Remnant）1637年的书中的描述是“温和而有爱”，尽管一种以斩首方式残害同类，统治着不育臣民的生物，似乎算不上特别温和。

也许，一些关于蜜蜂性别角色的困惑其实是蓄意为之。学者曾考证过究竟，例如，本杰明·富兰克林是否真的在当时的知识环境下对工蜂的性别一无所知，抑或是他为了营造诗的意蕴而特意为之。我个人更倾向把这样的差错归咎于无知。我自己非正式的调查结果表明，与常识相去甚远的是，我的很多学生与身边的人对工蜂与工蚁是雌性这一点完全没有概念。在我结束关于行军蚁的讲座后，学生问的一个典型问题会像这样：

"祖克博士，你是很了解蚂蚁对吧？"

"它们怎么了？"

"就像你说的，所有的工蚁都是雌性，但行军蚁呢？"

"它们的工蚁也都是雌性呀。"

"这我知道，但它们的兵蚁呢？就像你说的，长着巨型镰刀状上颚的那类？"

"它们也都是雌性呀。"

"噢，真的吗，兵蚁竟然是雌性的？"

"是真的。"

这时学生通常会显得垂头丧气，用怀疑的眼光看着我。我总感觉我让他们失望了，但却不太清楚到底怎么回事。

为了不让你觉得这样的观念只跟美国挂钩，我应该跟你说一说蜜蚁扬巴（Yamba）的故事。蜜蚁有时又被称为蜜罐蚁，生活在澳洲的干燥区域，以及世界上其他一些地区。它们生活在地下错综复杂的巢室与隧道里。虽然蚁巢中大多数蚂蚁都能自由外出觅食，有的工蚁却成了蚁巢中活的储藏容器，腹部严重胀满，装满了其他工蚁采回的蜜露。这些蚂蚁从不离开它们地下的巢穴，其他蚂蚁则通过敲击的方式，从它们那里获得食物。当地居民，包括澳洲土著在内，都知道挖出蚁巢，收获储存的蜜露。

在澳洲中部，一个儿童电视节目着重介绍了蜜蚁扬巴，一个快活的（还有那么一点诗意），以澳洲土著旗帜红、黄、黑三色装扮的卡通形象。在一次到爱丽丝泉的旅行中，我发现扬巴有六条腿的时候深感鼓舞，而我也好奇到底这种对事实的执着是否已经延伸到扬巴的性别了。可惜，事实并非所想；扬巴很肯定的是一只公蚂蚁，看来一代又一代的澳洲小学生在长大后也会像我的本科学生一样，在这个问题上存在认知偏差。

昆虫、染色体与冲浪都市

电影里对蜜蜂与蚂蚁的雄性化描绘，与我们不加思考便对自然界动物性别的种种猜想，也许反映了我们人类社会自身对性别的偏见。但比这更严重的是，人们完全不了解自然界最神奇的规律之一：两性比例，或者说种群中雄性与雌性的相对比例，与性比的演化。昆虫在我们对这一生物学基本问题的认知过程中，有不可或缺的重要性，而同时它们也展现了对这一基本主题的一些最怪异的诠释。

我们想当然地认为，在自然情况下，每时每刻大约有相同数量的男孩与女孩降生。的确，对于许多种类的生物而言，包括人类在内，性比的确接近 50∶50。但为何如此呢？如果你仔细想一想，从演化的角度，有这么多雄性出生是多么令人困惑的事情，因为显然单一的雄性就足以让大量雌性受精了。在大多数动物与绝大多数昆虫中，雄性在交配后并不会对后代再有任何直接帮助，似乎只产生少量雄性提供精子，而把大部分资源用来产生雌性，对资源的利用的效率会更高。那么为什么，相等的性比会如此普遍存在呢？

如果你还记得高中生物，对性染色体还有印象的话，你也许会想性别是由不同精卵结合方式所决定的。人类拥有两条性染色体：雌性拥有两条 X，雄性则是 X 与一条更小的 Y 染色体。因为减数分裂时，每个精子或卵细胞只会得到其中一条性染色体，所以，有 50% 精子与卵子结合后会产生有两条 X 染色体的雌性，另外 50% 的机会则会产生拥有 X 与 Y 染色体的雄性。因此，我们便拥有相等的两性比例了。尽管鸟类、蝴蝶与一些其他动物的性别决定情况恰好与之相反，雄性拥有一对Z染色体，而雌性则拥有Z与W，但其中的道理是一样的。抛硬币的比喻频繁使用，也许会让你想到，如果通常情况下我们的性别不仅有男女，我们大概就都在用三面的硬币了。

但是，正如麦克·马耶鲁斯（Mike Majerus）在他的著作《两性战争》（*Sex Wars*）中提到的一样，这种说法乍看之下也许合理，但终究还是没有解释为何两性比例会维持相等。第一，性染色体决定性别的机制，很可能是为了得到最优性比而逐渐演化的结果，而非最初影响性比的原因；比如在之前提到的抛硬币的比喻里，我们不能因为硬币有两面，就认为我们能计算两性比例了。第二，我还会在后面详细说明的是，许多生物有与人类相同的性别决定机制，但性比的差异却可能非常显著。最后，就算“我们”的XX/XY（或者ZZ/ZW）性别决定系统普遍存在，动物界中却还能找到许多其他的性别决定系统，有的与特定基因有关，有的则由孵卵的温度决定；例如在许多龟类中，较低的孵化温度产生雄性，而较高的温度产生雌性幼龟。因此，龟类中相等的性比，必定源于其他因素的影响。

跟生物学里许多其他的想法一样，达尔文既找到了问题所在，又给出了一个合理的解释。许多科学家都忽略了他的想法，因为这只出现在《物种起源》的早期版本里，而后来的版本中都被撤除了。英国的遗传学与统计学家 R.A. 费希尔爵士（Sir R. A. Fisher）则被公认在这一领域具有显著的突破。总之，其中的重点是，在考虑问题的时候，不要从是否能提高种群或物种利益出发，而要站在基因的角度看问题。到底怎样才能让基因在未来的世代中长期存在呢？这便是演化的关键所在。

按照上面的说法，当然，在一个假想的动物种群里，雌性应该比雄性要多，就像詹和狄恩（Jan and Dean）1693 年的歌曲《冲浪都市》里描绘的（“两女配一男”）一样。每个雄性个体可以与许多雌性交配，因此，雄性的基因在接下来的世代中会有更高的体现。这意味着，生儿子在演化上是有好处的，任何能倾向于生儿子的突变，在自然选择下都存在优势。最终，种群中的雄性个体比例越来越高，而雄性的处境也没有之前那么好了。这是因为，每个后代只会有一对父母，而多余的雄性便失去了繁殖的机会。在这种情况下，父母生女儿，而不是儿子，便在演化上存在优势了。因此，按照和上面相同的原理，种群中雌性的比例不断上升，从而又回到了假想种群的最初状态。这种在多个世代中波动变化的演化过程，称为频率依赖性选择（frequency-dependent selection)。因此，在其他一切变量相同的情况下，这一过程在 50∶50 的性比形成中起到了重要作用。《冲浪都市》在 20 世纪 60 年代的海滩上的人群听起来似乎令人心驰神往，但对于一个物种来说就有些不切实际了。

我的姐妹，我自己

然而，究竟为何蜜蜂能建立起以雌性主导的社会形式，却又逃过了演化上的惩罚呢？雄蜂在蜂巢中的比例不足 5%，这显然与平衡时的两性比例相差甚远。在许多其他昆虫中，尽管两性比例不总是那么极端，雌性的相对数量占主导地位的情况也是很常见的。蜜蜂之所以能做到我们难以企及的性比，主要源自两个方面：性别决定的机制和特别的，违反了前面提到的“其他一切变量相同”条款。

与以上提到的物种不同的是，蜜蜂、胡蜂和蚂蚁的性别决定并不借助性染色体的组合情况。取而代之的是，雄性由非受精卵产生，因此细胞中每条染色体只有一份拷贝；而雌性则拥有正常的——至少在我们看来——两份染色体拷贝，因为它们由受精卵发育而成。与人类不同的是，社会性昆虫的虫后能储存精子长达数年时间，随心所欲地在这儿生几个儿子，在那儿生一批女儿。以蜜蜂为例，蜂后生的女儿可能会成为工蜂，它们卵巢并没有充分发育，因此处于不育状态；另一种可能性则是未来的蜂后，它们受到自己姐妹们的特别关照，纯粹以蜂王浆为食。这种滋养的食物——至少对蜜蜂而言——能改变幼虫体内激素水平，并促进卵巢发育。（几乎没有证据表明，蜂王浆不管是外用或是内服，除了消耗钱包里的钞票以外，对人类还有任何其他作用。）

这种遗传上的特质表明，当蜂后与单一雄蜂交配后，它后代姐妹间的血缘关系，会比理论上后代与后代女儿间的关系还要亲。为了更好地了解这一点，请想象在人类与其他利用 XX/XY 性别决定机制的动物中，后代从母亲处得到一半的基因；而另一半来自父亲，这意味着后代间拥有 50% 的相似性。因为精子与卵子只拥有父母一半的遗传信息，而每个后代有 50% 的概率得到父母任意一条染色体。但因为雄性蜜蜂一开始便只有一份染色体拷贝，所有的姐妹都会从父亲处继承同样的一套遗传物质。它们从母亲处得到的遗传物质是通常情况下的 50%，这意味着姐妹间 75% 的遗传相似度。另外，不管是儿子还是女儿，它们与蜂后的遗传相似度都是通常的 50%。

同巢姐妹间这种独特的血缘关系，被认为在许多社会性昆虫极端利他性的形成中起到了重要作用；但同时，这对性比的影响也不容忽视。我之前似乎只是把性比与数字联系在一起了，但事实上，雌雄两性的数量比较只是其中的一个方面而已。真正重要的，则是产生两性后代各自所需的能量投资。假设雌性后代的“生产成本”更低，那么也许它们比雄性个体更小。因此，产生同样数量的雌性，会比产生雄性消耗更少的卡路里。自然选择会偏向产生更多的雌性后代，因为它们的造价更低；但从总体的能量投入考虑，雌雄两性间仍然保持相对恒定。

对于蜜蜂与蚂蚁而言，姐妹间同母亲与自身后代间血缘关系的不对称性，意味着工虫与虫后之间对后代性比的演化期望间存在差异。工虫因为自身的不育性，只能把延续自身基因的唯一期望寄托在后虫（它们的姐妹）产生的未来雌雄繁殖个体身上。而后虫的遗传学期望注重于未来的繁殖个体，但二者在其中利益最大化的细节中存在差异。从工虫的角度考虑，如果更多的能量投入在未来的后虫，而非未来的雄性（它们的兄弟）身上，它们间接传递基因的期望也就越高。这是因为它们与后者只有 25% 的遗传相似性，这比姐妹间（未来后虫）50%

的相似性要少很多。对于现任虫后而言，它与自己儿子和女儿的血缘关系同样接近，因此两性间相等的投资对它来说利益最高。

罗格斯大学（Rutgers University）的演化生物学家鲍勃·特里弗斯（Bob Trivers），对探究在社会性昆虫中，工虫与虫后二者间，究竟哪一方会在这一潜在利益冲突中“获胜”的问题很感兴趣。在霍普·黑尔（Hope Hare）的协助下，他煞费苦心地统计了多种蚂蚁巢中未来繁殖个体的重量。如果在通常情况下蚁后掌权，而它的繁殖利益不容侵犯的话，我们会假设未来雌雄繁殖个体的重量——作为能量投入的测量指标——相差无几。但如果工蚁掌握实权，理论上我们便会看到更多的能量投入未来的蚁后，因为工蚁姐妹间的血缘关系比它们与兄弟间的关系亲密三倍，理论上蚁后的重量也会是雄性的三倍。实验结果发现，蚁巢中雄性繁殖个体的重量恰好是未来雌性繁殖个体的三分之一，这支持了工蚁控制着巢群整体的两性比例的假设。这项发现同时意味着昆虫社会，作为地球上最复杂的社会组织形式，并非独裁统治，而是通过一系列同盟与利益共同体的权谋网络（Machiavellian network）参与调控的。

昆虫与物理羡妒的答案

上述的成功案例只是性比理论在昆虫研究中成功应用的众多例子之一。可以说，能以定量的精确度预测昆虫群体中雌雄个体的相对数量，是诠释自然选择的最好方式。生态学家与演化生物学家在很多情况下对真实世界的预测只能是定性的：我们能比较肯定地说如果食物充足，动物的种群数量便会相应增加。但到底会增加多少呢？在大多数自然条件下，有太多其他变量会影响这一生物学假说的结果。种群的增长速率不仅由食物多少决定，还可能受到其他因素影响，比如疾病感染种群中个体的概率、捕食者的多寡等。这样的不确定性导致了所谓的"物理羡妒（physics envy）"，一种对所谓"硬科学（hard science）"研究中常有的高度数学精确性的羡慕与向往。

但对一种微小寄生蜂与其性比理论的探索，就足以把物理羡妒抛之脑后。这种寄生蜂会把卵产在其他昆虫体内，通常是毛虫或蝇蛆，而蜂幼虫会在寄主体内发育，直到成虫。寄生蜂在刚达到性成熟时便会交配，这通常仍发生在寄主身上；而在交配后，雌性个体便会离开寄主，踏上寻找新寄主的旅程。因为每只毛虫只能提供最多几只雌性寄生蜂的营养所需，这意味着在这类寄生蜂的世界里，约会对象可没有多少选择的余地了。这就像只能和你的兄弟姐妹，最多加上隔壁邻居的小孩一起参加单身聚会，而且你知道你一定要在这几个人中找到你一辈子的伴侣一样。尽管自交，或者说近亲繁殖，对于许多物种，包括人类在内都有其演化上的代价，但这种寄生蜂似乎并未受到影响，因为它们会毫无顾忌地与自己的同辈交配。

在寄主身上产卵的寄生蜂母亲同样也需要解决这一重要的演化问题：如何才能让自己的基因在下一代的种群中达到最大化？如果它是寄生某只毛虫或蝇蛆的唯一寄生蜂，理论上它只需要产生少量的雄性给它们的姐妹们受精，把其他所有的能量投入生产雌性后代便是。产生更多的雄性只会加剧内部竞争，而这对寄生蜂母亲来说没有任何好处。然而，如果寄生同一只毛虫的寄生蜂数量越多，产生雄性后代就越占优势，这是因为这些儿子能有机会让别家过剩的女儿受精。因此，如果上述的理论成立，如果竞争越激烈，下一代的雄性比例便会越高。

从演化生物学家 W.D. 汉密尔顿（W. D. Hamilton）1967 年发表的成果开始，科学家已经计算出了理论上雌性寄生蜂在许多不同条件下，比如在同一寄主中产卵的其他雌性寄生蜂数量不同时，后代性比精确期望值。而大自然似乎也特别乐于支持这些预测，常常达到最后一颗卵的精确度。大多数早期的研究都在实验室里进行，而寄生蜂能在人工的培养皿环境中，在蝇蛆上产卵。但近期的基于欧洲野外采样的 47 只寄生蜂母亲与它们超过三千只后代的 DNA 分析表明，同样的数学模型在对现实世界的预测中也同样适用。这一套性比理论甚至能应用在导致疟疾的单细胞生物（疟原虫）上，因为它们同样拥有两个性别。接招吧，弦理论！

生儿子的大年

尽管世界上男女的总人数大致相等，但这一比例也和具体情况密切相关。你更容易在阿拉斯加的酒吧里找到单身男性，而在护士会议中遇到女性的概率也不会小。当然，此类情况在影响人类性比的同时，同样影响了诠释自然界性比的另一项理论研究。

这一切都从之前提到的生物学家鲍勃·特里弗斯计算出蚁巢中泛指个体性比开始，那时他还是哈佛大学的博士生。特里弗斯当时是灵长类动物行为课程的授课助理，他在论文集中提到，当时他有一个叫丹·威拉德（Dan Willard）的数学系学生，想通过这门课遇到些女生。哈佛的数学博士学位与别处一样，在性比方面与前面提到的阿拉斯加酒吧相差无几（我想，虽然不清楚真实情况，二者的相似度就到此为止）；但在灵长类行为课上近三百名的学生中，有大约三分之二是女生。特里弗斯从来没有泄露威拉德的社交美梦到底实现了没有，但在一场关于为什么性比通常为50∶50的讲座结束后，威拉德提出的想法让他们两个人之后在《科学》上发表了一篇影响力极高的文章。

与很多敏锐的见解一样，这个想法你一听便很容易理解。孕育后代是很重的负担，因为对母亲来说，产卵生子需要大量的能量。而就像全世界怀孕的女性敏锐意识到的一样，母亲的身体情况会对后代产生影响；很多情况下这种影响会在出生后的很长一段时间内持续下去。就连在昆虫中，营养充足的母亲通常也会产更大的卵，而这些卵孵化出的幼虫也会更强健。当然，尽管在理想状况下，选择产生高质量后代是一个不错的选择，但事实上母亲的身体状况却不总是那么优秀。

特里弗斯与威拉德的理论指出，对于妥协于母亲身体情况而产生的后代来说，它们的未来的繁殖期望取决于这些后代的性别。这是因为，在许多动物中，雄性间往往需要通过激烈的竞争来争夺雌性，因此，只有最高质量的雄性才有机会传播后代。所以，生产较弱的雄性后代对于母亲而言，繁殖回报是不高的。另一方面，如果某个雌性个体的雄性后代在竞争中占尽优势，它产生的后代也许会比投资单一高质量雌性后代还要高得多。但是，就算雌性后代的状况较差，也基本上能找到配偶繁殖后代。因此，特里弗斯与威拉德预测，在母亲无法为后代投入大量能量的情况下，更倾向于生女儿；相反，对于成功母亲来说，生儿子会是更好的选择。

这种母亲对后代性别控制的具体机制还不甚明了。没有人——包括特里弗斯与威拉德在内——认为动物会在性染色体组合决定性别的机制中动手脚。但与在子宫着床或是产下的卵相比，受精卵的数量一般会多不少。而其中的一种可能性是，胚胎会因为母亲的身体情况，有选择性地被母体抛弃或保留。当然，这并不需要母亲有意识地决定，但自然选择也许会——比如母体激素反映出某种程度的健康状况时——选择性地偏向于雄性或雌性胚胎着床发育。

特里弗斯—威拉德效应在动物中已经得到了广泛验证，从鱼类到鸟类；而同时也有可能在人类中适用。一项2008年的研究通过分析740名英国母亲发现，如果在受精时，母体的日常饮食更有营养，那么生男孩的可能性也就更高。这种偏差并不明显——饮食最有营养的母亲生男孩的概率为56%，而饮食营养最低的一组母亲只有46%——但结果已经表明，就算在我们西方社会中，两性比例也并非只由概率决定。如果不是因为有生活史迥异的昆虫作为最初的实验对象，我们也就不会有上述的那些发现了。

当然，昆虫不会像人类一样怀孕，尽管有些昆虫会选择让卵滞留在体内发育。此外，在许多昆虫中，体型大的雌性在自然选择中更占优势，因为它们有更大的产卵量。因此，在食物充足的条件下，理论上会产生更多的雌性后代，成为下一代强健的母亲。当然，很多寄生蜂在寄主体型较大时会偏向于产生女儿；而在寄主体型较小，无法给发育中的寄生蜂幼虫提供足够营养时，产生更多的雄性后代。

最后，某些昆虫的性比就算在很短的一段时间内，也会有巨大的波动。一种波利尼西亚的蝴蝶在2001年只有1%的雄性，这是因为受到了一种选择性杀死雄性胚胎的细菌感染。但就在五年后，研究人员在一些蝴蝶出没的岛屿上发现了接近 50∶50 的性比，尽管细菌仍存在于蝴蝶的种群中。自然选择显然在这些年削弱了细菌雄性致死的能力，这也许是因为在雌性占主导地位的种群里，产生雄性后代的优势实在是太大了吧。

如果你觉得杰瑞·宋飞扮演的蜜蜂不错，看一看你错过了多少精彩吧！

第五章　昆虫的精子与卵子

你觉得自己患上了受精短视症（fertilization myopia）吗？正当你觉得你已经熟悉了所有最近流行的疾病与缺陷，从注意缺失紊乱到网络疑病症（刚开始流鼻涕便在网上寻找各种可怕的诊断结果，假如你还没听说过的话），现在又多了一样需要担心的状况了。幸运的是，尽管我们中大多数人都显示出了受精短视症的征兆，治愈这种状况却不需要任何专门的药物治疗。我们只需要对昆虫性行为有更深入的了解，再举一反三就好了。

受精短视症是生物学家比尔·埃伯哈德（Bill Eberhard）创立的术语，他在巴拿马和哥斯达黎加研究过许多种类的蜘蛛与昆虫。在过去的二十多年里，比尔惊叹于——有人也许会说沉溺于——动物的生殖器官与昆虫交配的种种细节。尽管你也许会对拥有这类嗜好的科学家存在各种想法，现实中，他是一个亲切温和的人，而且已经结婚生子了。他只是碰巧对自然世界有持久的好奇心，且不愿意接受传统观念对交配行为的见解罢了。

直到最近，传统观念一直认为，当雌雄交配后，从演化的角度看，一切就都结束了。精子的传递已经完成，接下来只需等待后代出生，继续传递父母的基因便是。受精似乎便是终极目标，而我们似乎也不会把眼光放得更远了。就算以人类自己为例，人们认为真正激动人心的部分发生在受精前：配偶的选择，前戏与行为本身。而随后的部分便只有扫兴的潮湿床单与萎软的器官了。怀孕也许会紧随其后，但在完事以后，任何一方都无法改变结果了。尽管我们听说过，完事后他只想翻个身倒头睡觉，而她却仍清醒着想要拥抱，然而，性交后行为的关注度却一直不高。

对于昆虫（或许还有许多其他动物）而言，受精远不是交配的结束。许多雌性昆虫，从蝴蝶到甲虫，在产卵前会依次与多只雄性交配。生物学家很早便知道了这一点，但直到1970年，利物浦大学（University of Liverpool）的吉沃夫·帕克（Geoff Parker）撰写了关于“精子竞争”的里程碑式的论文后，科学家才开始全面思考多次交配的重要性。帕克指出，尽管雄性间的竞争在麋鹿或是海豹之类的争斗中最为吸引眼球，但交配后竞争却并未结束。雄性仍会激烈竞争为后代受精的机会，而这一切都发生在它们的单细胞信使——精子之间。

帕克意识到，这一过程对雄性的“选择压”是多方面的。一方面，通过各种方式干扰其他雄性精子，而确保自己的精子成功受精的手段，会在自然选择中占优；另一方面，如果雄性能防止雌性再与其他雄性交配，便从根源上解决了问题。在交配后行为的研究中，昆虫是很好的研究对象，因为许多种类的雌性昆虫都通常会在短期内与多只雄性交配，而同时不少雌性昆虫都有专门储存精子的器官，可以利用这些精子在几小时、几天甚至几周后给卵受精。

至少在帕克的年代，热衷于精子竞争理论的科学家大多是男性。他们的研究中充斥着大量针对精子在各种特定情况下竞争力如何的数学模型。同时他们也详细检视了许多不同昆虫精子的细致结构。结果发现不同物种间差异极大，我会在随后详细解释。但其他科学家，包括比尔·埃伯哈德在内，指出这类针对雄性竞争的研究忽视了系统中重要的另一半：雌性。毕竟，是雌性选择了多次交配，让许多雄性的精子在几乎同一时间内集中在了一起，而这一切也都在雌性的体内发生。更不用说，每个后代也都有雌性的投入。

因此，埃伯哈德与其他科学家提出雌性就算在交配后，还是能影响某只雄性作为未来后代父亲的可能性。这种现象被称为隐秘雌性选择（cryptic female choice），而这个术语是首先由新墨西哥大学（University of New Mexico）的兰迪·松希尔（Randy Thornhill）创立的。之所以称之为隐秘，是因为一切都发生在雌性的生殖道内，从外部难以观察。埃伯哈德进一步说明至少在昆虫与蜘蛛中，我们能看到雌性在繁殖中起到的主导作用，而我们因此不应该把目光仅仅局限在精卵结合的时刻。按电视购物的方式来说，我们还应该再等等，因为精彩还在后头呢。音乐家比约克（Björk）曾说过，“足球是一场关于繁殖能力的盛宴。十一条精子试图挤进一颗卵中，我对守门员感到难过。”当然，从另一个方面理解的话，我们可以说，不仅是守门员与球员们，就连赛场本身也对比赛结果有重要影响。只把球队扔在球场上便希望坐等进球是不够的。

化学生殖器与多样性的尴尬

我的好朋友与同事利·西蒙斯（Leigh Simmons）曾宣称，你在研究过粪蝇（dung flies）以前，是理解不了生命的真谛的。而研究它们最好的方式便是近距离在这些蝇类称之为家的地方观察了。“一桶桶的粪便，”他爽快地说，“你得实实在在地进行近距离接触才行。”尽管我们之间还有不少相同与不同的喜好，我却从未被他在这一点上的热情打动过。不过我得承认，理解粪蝇的交配行为，能在很大程度上帮助理解从交配后到产卵前这段时间发生的一切。

正如名字的提示，粪蝇会利用牛或是其他动物的粪便繁育后代；而在夏天，一种研究充分的粪蝇种类——黄粪蝇的雌性会在欧洲北部草场上搜寻新鲜的产卵场所。一旦找到理想场所，它们便会立即遭到在粪便间巡视的雄粪蝇的热情围攻。正如利·西蒙斯在他的著作《昆虫的精子竞争与其演化推论》所写的，“在俘获雌性后，雄性会立刻开始交配。争夺雌性的竞争十分激烈，其他雄性会冲撞正在交配的粪蝇，这有时候看起来就像粪便上翻滚的金黄色小球一样。有的雌性会在这一过程中受伤，以至于不能飞行，更有甚者，会因为一连串的推搡最终在粪便表面淹死。如果一块新鲜粪便上有大量雄性粪蝇蹲守，俘获雌性的粪蝇便会把它带到周围的草丛中交配，然后才回到粪便上产卵。在产卵过程中，雄性会保持在雌性背上骑乘，直到雌性产下卵块后配对才会分开。”

这段热情奔放的描述，除了说明我的朋友对他的研究对象的热爱程度外，还点明了粪蝇繁殖行为的几个重要方面，并且提示了把视野放宽，不拘泥于受精本身的启发性。第一，为什么雄性要把雌性带离现场而随后才交配呢？第二，为什么就算在雌性产卵时仍然要随行陪伴？因为很明显，这发生在精子传递以后。而最后，为什么交配得花上半个小时？从精卵结合的角度看，花的时间似乎也太长了吧！

回答这个问题的第一个人是吉沃夫·帕克。帕克不仅是一名理论演化生物学者，同时也是粪蝇的忠实粉丝。他参与提出了雄性粪蝇行为能提高其在精子竞争中获胜机会的理论。与雌性最后交配的雄性，通常能为雌性的大多数卵受精，特别是如果交配能持续至少30分钟，足以让它能移走前任雄性们的精子。这意味着雄性粪蝇在把守雌性，防止其他雄性接近的过程中，虽然并未直接参与精子的传递，但时间的投入也是值得的。

在帕克开创性的研究后，生物学家把兴趣转移到了探究交配后精子命运的研究中，而这也免不了对雄性生殖器官的细致观察。没有什么能比昆虫的雄性生殖器官更能让你相信人类的相应器官是如此普通无趣了。相反，雄性豆娘的生殖器官有成列的刺、勺状凹陷及倒钩。卑微的鸡蚤的生殖器满是各种奇怪的突起，并扭曲成结。这种“形态的多样”被埃伯哈德称为“有机体工程的奇迹”。我们从未见过这些器官，因为昆虫本身就很小，而它们的私处通常收在体内，直到需要时才伸出来。但可以说，其实大多数昆虫的身体内也都藏着类似的怪物。

这类结构的功能与一般动物的生殖器官相比，与麋鹿和大角羊的角更为接近——为了与其他雄性竞争。然而，这场争斗发生在一方完全不在场的情况下，而生殖器上的凹陷与棘刺，是移除雌性生殖道中前任们精子的利器。需要工具的类型，与竞争者的精子到底是被移除、毒杀还是被新鲜的大量精子稀释有关。有的种类会把之前交配时留下的精子压紧夯实，在确保它们活力降低后，才排入自己的部分。

精子竞争也可以在精子本身与精液中的化学物质层面展开。尽管这也许发生在大多数，或许是所有的昆虫中，但大部分的研究都集中在果蝇（Drosophila）上。果蝇们会利用精液中的化学物质杀死其他雄性留下的精子。而副性腺蛋白能影响雌性果蝇的性行为，在某些情况下能降低未来成功受精的概率；某些情况下能缩短雌性整体寿命，但提升产卵量。埃伯哈德与同事卡洛斯·科尔德罗（Carlos Cordero）把这些精液中的物质称为化学生殖器（chemical genitalia），因为它们在功能上如同传统有形生殖器官的延伸。我们才刚开始意识到它们的复杂性；英国东英吉利大学（University of East Anglia）的崔西·查普曼

（Tracey Chapman）在一篇题为《果蝇里的汤》（译注：参考了俗语“汤里的苍蝇”）的论文中，谈到了果蝇精液中蛋白质极具多样性，甚至到了“多得令人尴尬”的地步。至少 133 种不同的物质已经被发现，而毫无疑问，这个数字还会继续上升。而到底是否每种物质都有各自不同的功能，目前还不得而知。

在其他情况一样的前提下，精液中精子的数量越大，雄性昆虫在精子竞争中获胜的概率也就越高。粉蝶科（Pieridae）中包括了我们常见的菜粉蝶，而这类蝴蝶的排精量比起眼蝶科（Satyridae）蝴蝶要多不少，而后者雌性与多只雄性交配的情况较少发生。昆虫与人类的情况一样，精子产自睾丸，虽然昆虫睾丸并不会露在体外。睾丸越大，雄性昆虫能产生的精子就越多，而你也许因此会想，精子竞争会令多次交配种类的睾丸演化得比相应的单次交配种类的要大。这恰恰是解剖并称量不同眼蝶科种类睾丸重量后的发现，而正如预料中的一样，雌性与多只雄性交配的可能性越大，雄性睾丸占身体的比例也就越高。

最近，我的朋友利·西蒙斯与在西澳大学（University of Western Australia）利（Leigh）实验室工作的西班牙科学家帕科·加西亚－冈萨雷斯（Paco Garcia-González）并不是依靠类似物种间的对比，而是通过实验证实了精子竞争在睾丸大小演化中的影响。利·西蒙斯继承了从粪蝇研究开始的与粪为伍，在蜣螂身上展开了开创性的研究。蜣螂在为世界各大生态系统的大型哺乳类动物粪便的清理上从不懈怠，并利用这些材料为后代提供了育婴室与食物来源。世界上的蜣螂种类众多，而某些类群的雄性拥有硕大的角突（译注：包括了头角与胸角），在与其他雄性竞争而进入雌性挖掘的地下隧道时使用。角突越大，在争斗中获胜的可能性也就越高；但此后雄性间的竞争并未结束。有些雄性会偷偷潜入获胜雄性占据的隧道，背着获胜者与雌性交配，而获胜者唯一能做的，便只有提高与雌性交配的频率了。

科学家选择蜣螂作为研究对象的众多原因里，其中有一点便是实验材料的易得性。利与帕科只需要到本地的奶牛场，得到场主允许后翻查草地上的牛粪便可。场主的许可基本上是板上钉钉，尽管有时候他们脸上会浮现出疑惑的神情。在这种情况下，要把原因解释到何等程度总是难以决定的，必须在过多的信息（“那么现在我给你科普一下甲虫雄性生殖器官的演化吧！”）与看似邪恶的沉默寡言（“噢，没什么特别的，我正在做一个有关，呃……性的课题。”）之间找到平衡。从多年的经验来看，利·西蒙斯已经找到了在不引起警觉的情况下得到场主同意的办法，而他和帕科得以及时完成采集约一千只蜣螂带回实验室的任务。

利与帕科接着进行了所谓的实验演化过程。他们改变蜣螂生活的环境，来观察假设的选择压——在本实验中为精子竞争的风险——是否像预计的一样对这些甲虫的睾丸大小有影响。事实上这是一种人工选择的过程，与我们驯化家畜与农作物的过程其实是一样的。研究人员隔离饲养了几个不同的蜣螂种群：一夫一妻型，由随机选择的雌雄个体配对组成，因此雄性间并无竞争；多次交配型，雌雄个体各 10 只混养，因此雄性间可以通过竞争来争夺雌性。每组个体后代的生活环境与上一代保持相同，而实验持续了二十一代，大约四年半时间——因为蜣螂从卵到成虫需要花上大约八周。

到实验结束时，一夫一妻型的雄性的睾丸的确比竞争环境中的雄性睾丸要小。这明显与遗传有关，而并非简单的"用进废退"。因为，甲虫们睾丸的大小确定是在刚达到性成熟，但还没有进行第一次交配的时候。利与帕科还利用遗传学手段来确定到底哪只雄性是大多数后代的父亲；而他们发现，如果条件允许竞争，一夫一妻型为后代受精的能力比不上后者。他们的结论说明，精子竞争导致了这类甲虫睾丸大小的演化与精子的活力，就像理论所预测的一样。

通往卵子途中的趣事

正如我前面提到的，研究精子竞争的早期科学家以男性为主；先不深究他们的研究动机，我们可以肯定地说，他们中的大多数都没有考虑过雌性在其中起到的作用。在埃伯哈德与其他少数几位研究人员开创了这一新领域后，我们越发清晰地认识到，雌性昆虫并非只能被动地袖手旁观，眼睁睁地等着精子在它们的身体内决一胜负。隐秘雌性选择其中最好的一个例子是赤拟谷盗，它们很可能就出现在你厨房里的面粉与谷物中。隐藏在这些微小昆虫纯良外表下的，是各种各样的繁殖阴谋。

如今在密歇根大学的塔吉娜·费迪瑙（Tatyana Fedina），在她还在塔夫斯大学（Tufts University）攻读博士学位时，在赤拟谷盗上进行了一些十分聪明——也许有些可怕——的实验，来验证雌性对精子的命运到底有多大的发言权。赤拟谷盗雄性的阳茎在交配时会从体内翻出，作为精子传递的管道。这种甲虫会与多个配偶交配，而有的雄性留下的后代会比其他雄性更多。但究竟是哪一方控制着后代父亲的身份呢？究竟是雄性通过精子竞争，抑或是雌性，通过对精子选择性的使用呢？

费迪瑙利用了雄性赤拟谷盗在性行为中健忘的特点，让它们或与正常雌性交配，或与刚刚死去的雌性交配（雄性似乎并不在意）。她同时让一组雄性挨饿，好让雌性觉得它们的遗传质量比其他个体更低，并对比挨饿组与正常组交配后雌性生殖道中精子的数量。不出所料的是，挨饿的甲虫在传递精子的过程中效率更低，但这种情况只在与活着的雌性交配时出现。与死去雌性交配的雄性，不管自身条件如何，精子传递的效率都没有显著差异。这意味着雌性自身一定存在着某种选择未来子女的父亲的机制，而且更偏向于营养充足，理论上质量更高的雄性。

一些其他的，也许残忍程度略低的实验，使用被麻醉的雌性赤拟谷盗来研究雌性控制精子在体内活动的程度。被麻醉雌性的肌肉组织能导致精子在生殖道各部分中的数量发生变化，而这也从另一个角度支持了雌性并非仅仅是贮藏精子的容器那么简单。有一项在一种小蛾类上展开的类似实验表明，当雌蛾与两只雄蛾交配时，体型更大的雄性总能为更多的后代受精，而结果与交配的顺序并无关联。这又一次说明，这种倾向似乎与雌性有关。因为就算精子的活力很高，麻醉后的雌性储精囊中却找不到任何精子，这意味着雌性需要主动把精子转移到身体内正确的场所。

大多数脊椎动物的精子会在射精时一次性排出，这意味着交配的时间也许对传递精子的数量影响较小。但许多昆虫传递精子时会把精子打包。精包（spermatophores）经常会附着在雌性的体外，而正因为如此，精包中精子转入雌性体内时，特别容易受外界影响而被移除。一些其他昆虫的精子传递贯穿于整个交配过程，而需时可从几分钟到几小时不等。这意味着如果雌性能控制交配的时长，便能控制某只特定雄性拥有后代的多少了。例如，澳洲的雌性蟋蟀（black field crickets）会让更有吸引力的雄性（鸣叫得更有活力）的精包在自己的身体上——与弱小雄性的精包相比——存留更长的时间。

因为精护（spermatophylax，译注：精包中蛋白质丰富的外层，供雌性食用）昂贵的生产成本，其在每个雄性的一生中都是巨大的投入。因此，一些螽斯（katydids）雄性在到底谁有资格享用这一美味的问题上显得十分挑剔。更大的雌性产卵更多，雄性的投资回报也更高。因此，正如预料中的一样，在摩门蟋蟀（其实它们不属于蟋蟀，而是螽斯，而且没有人能确定它们有任何的宗教倾向），纤细弱小的雌性与丰满的个体相比，后者更受雄性欢迎；而这在减肥失败者看来，也许心里会好受一些吧！

其他昆虫，像是长翅目（Mecoptera）的蚊蝎蛉（hangingflies）

与蝎蛉（scorpionflies）的雄性会为雌性献上捕获的猎物作为礼物；而雌性在一头忙着吃的同时，另一头则忙着交配。雄性寻找合适礼物的过程风险重重，因为它们大多数都是从蜘蛛网上偷来的；而正因如此，某些种类的蝎蛉雄性会用一团唾液作为代替品送给雌性。就像螽斯的例子一样，礼物分量越足，雌性与雄性交配的时间也就越长。有时雄性会采取霸王硬上弓的方式，强行抓住雌性与其交配，而不提供任何所谓的彩礼。雌性对这种鲁莽的行为通常不屑一顾，一般不会与这样的雄性交配太长的时间。它们也许还能控制雄性精子排入生殖道内的速率。最近的一项研究表明，在一种高加索地区特有的蝎蛉中，送礼雄性的交配时间虽然只比暴力交配者多一倍，但传播的精子却比后者多出了将近十一倍。

雌性同样也能在交配后把精子排出。雄性豆娘与蜻蜓，像某些蝎蛉一样，基本上采用强行交配的手段，并像前面提到的一样，会用生殖器官上的凹陷与棘刺清理前任雄性们留下的精子。大多数研究这类昆虫的科学家都假设雌性并不能决定谁能成为自己后代的父亲，但一项最近由墨西哥自治大学（Autonomous University of Mexico）生态学系的亚历克斯·科尔多瓦－阿吉拉尔（Alex Córdoba-Aguilar）展开的研究表明，雌性也许在这件事上拥有最终话语权。亚历克斯·科尔多瓦－阿吉拉尔发现，在很多豆娘种类中，雌性储藏器官内的精子数量比雄性排出的精子要少得多。事实上，它们剩下的精子甚至还不足以为所有的卵受精。这就有些奇怪了，或者按照他的话说，“如果雌性需要在产卵中使用精子，这些雌性一定不是称职的精子管理员。”他接着采集了处于不同交配阶段的雌性样本，并测量了它们生殖道中精液的体积。接下来他统计了与单一雄性和多只雄性交配后的雌性的产卵数量。结果发现，雌性似乎偏向于某些特别的雄性个体，而会把它不喜欢的个体的精子，在交配完雄性离开后，主动排出体外。

雄性似乎也会利用一些古怪的极端方式，来确保精液不仅去对了地方，而且会被雌性用于为卵受精。作为动物生殖器官长期研究的一部分，埃伯哈德发现了一些十分销魂的例子。2006年，埃伯哈德与同事阿尔弗雷多·佩雷蒂（Alfredo Peretti）和R. 丹尼尔·布里塞尼奥（R. Daniel Briceño）在看似一本正经的期刊《动物行为学》上发表了一篇关于蜘蛛交配行为的文章；而其中的一些段落听起来仿佛就像丹尼尔·斯蒂尔（Danielle Steel）转行成了昆虫学家一样：“雄性会通过强健增大了的生殖器官在整个交配过程中，有节奏地挤压雌性。”文章的小标题也并不示弱，包含了诸如“交配时的情话（copulatory dialogue）”这类听起来像是成人电影行业所精通的套路术语。文章中所研究的蜘蛛是一种其貌不扬的幽灵蛛（short-bodied cellar spider），雌性会在交配中通过触肢运动来“歌唱”，而作者们把声音描述为“摩擦皮革发出的吱吱声”。（如果蜘蛛色情作品存在于世的话，那就是它了。）在多种昆虫与它们的近亲里，雌性会与多只雄性交配，而在这种蜘蛛的例子里，雄性会调整有节奏的挤压，来迎合雌性发出的声音，而最合拍的雄性，最终便能成为大多数后代的父亲。

天啊，这尺寸真不小……噢，不好意思！

人类精子拥有容易辨认的蝌蚪形外观，尽管在社会上还没有成为符号，它却在媚俗艺术品与其他类似的索然无味的工艺品中，拥有一定的地位。抽象化的精子被印在了领带上，也是某些调味瓶设计的灵感来源。当然，这怎么能少得了精子形状的储蓄罐呢！在美国生殖医学学会 2008 年的研讨会里，精子外形的 U 盘是现场派发的小礼物。不过，我们先不说这些夸张的部分。事实上，人类精子一与众多昆虫的精子比较，便显得平凡乏味了。

在帕克最初的文章里，他提到，除了与其他雄性精子的竞争以外，同一个体的精子之间，也一定存在竞争。因此，任何能提高单一精子受精成功率的举措，都会受到自然选择的青睐。这种变化性对于昆虫来说特别重要，因为通常精子并不会像在大多数动物中一样，直接用于受精，而是会在使用前储藏几周、几个月甚至几年的时间。这意味着，任何能让精子在长期保持活力与竞争性的适应性变化，都是有价值的。实际上，昆虫精子在形态上千差万别，其中包括了具有多条鞭毛（用于精子在介质中推进的鞭状微观结构）的类型。不同物种间精子的变化比其他任何细胞间的变化都要大，甚至比某些身体部位的变化还要明显。因此，至少在理论上，某人可以通过精子的特质来作为区分物种的依据，就像观鸟者利用鸟喙与毛色区分到底看到的是黑喉蓝林莺还是白眼莺雀。当然，这也许难以成为观鸟一样的消遣，（“嘿，猜猜看——我在周末看到了一只双鞭毛大头精子！”）但这却是常被忽略的生物多样性来源。

某些种类的果蝇是真正意义上的精子冠军，至少如果你认为大小决定一切的话。雄性果蝇 bifurca 外观与一般果蝇无异：体型微小，颜色土黄。但它们的精子却是雄性体自身的大约二十倍长。以人类的标准，这相当于六英尺高的人产生接近橄榄球场长度的精子。（这里提到运动是为了与讨论精子竞争时常用到的运动比喻相呼应。）这些精子基本以尾部为主，像毛线球一样缠绕纠结在一起；因此，雄性得使用一位科学家所说的“像射豆枪一般的效果”那样把精子传递给雌性。

不用说的是，生产这样的巨型精子需要耗费大量的能量，雄性也无法像生产正常精子一样，生产同等数量的所谓巨型精子。因此，“雄性果蝇 bifurca 在精子的使用上，有着雌性一般的谨慎”，正如纽约州立大学（State University of New York）的斯科特·皮特尼克（Scott Pitnick）所说的一样。与大多数昆虫——包括其他的果蝇在内——不同，果蝇 bifurca 的雌雄两性大约会与相同数量的异性交配。这些宝贵的细胞是按需生产的，当雄性接触的雌性较多时产量更高，在异性稀少时产量下降。

我们对这些巨型精子加长尾部的功能并不了解。有些研究人员提出，他们也许起到了阻挡其他雄性精子在雌性生殖道中移动的作用。而另一种解释是，大型精子也许是雌性对夸张精子的选择所致，按照皮特尼克与同事加里·米勒（Gary Miller）的话来说，便是“细胞层面上的孔雀尾羽”。皮特尼克与米勒利用更常见易得的黑腹果蝇来进行与西蒙斯的蜣螂研究类似的人工选择实验。而这一次，与控制实验个体的配偶数量所不同的是，皮特尼克与米勒看重的是精子的长度变化，以及雌性主要储存精子的器官——受精囊（seminal receptacle）。与大多数昆虫相似的是，雌性黑腹果蝇拥有卷曲复杂的器官用于在受精前储存精子，而精子通常会在受精囊中待上好几天的时间。

在经过三十代以上的人工选择后，两组果蝇被安排互相交配，而科学家们计算了不同类型雄性成功受精的效率。新产生的长精子型雄性比起普通或短精子个体，在与长受精囊雌性交配时占有明显优势。当雌性的受精囊较短时，精子的长短便不那么重要了。皮特尼克与米勒总结说，巨型精子之所以演化成现在的样子，是因为雌性的生殖道选择性地倾向于拥有更长精子的雄性产生更多的后代。而到底是什么让雌性的受精囊越变越长——为什么雄性果蝇 bifurca 像是果蝇中的天堂鸟一样，而其他种类的精子单调如麻雀一般——我们还不清楚。

让故事更加复杂化的是，至少某些昆虫，诸如蜣螂的情况，更短的精子似乎比长精子更占优势。幼期营养充足的雄性蜣螂产生的精子也更短，而它们雌性后代储藏精子的器官也更发达。尽管从精子的角度看，大小也许很重要，但更大不一定永远意味着更好。

精子的多样性

在大多数蝴蝶与一些其他昆虫类群里，雄性产生的精子能被分为两大类；而类别有时又被称为品级，就像社会性昆虫的工虫与虫后的品级一样。真精子（eusperm）具有内含 DNA 的细胞核，而且能为卵子受精；而辅助精子（parasperm）更小，不含遗传物质。有的科学家提出，不同形态的精子也有不同的功能，而其中只有极少一部分精子能真正与卵子相会。其他的精子或是成了阻挡竞争者精子的障碍物，或是成为帮助其他精子的炮灰。（例如，它们能让精子更容易在雌性生殖道中前进。）几年前有人提出人类的精子也有类似的分工，那些非受精型的精子显而易见地被冠上了"神风特攻精子"之名。

这是一个丰富多彩的理论，但至少关于人类的情况，我们还没有太多证据。在哺乳动物中，许多精子功能的缺失并非有意为之；它们是精子制造中的残次品。而关于人类女性生殖道对精子的选择性的研究也仅有寥寥几笔；至于取样的志愿者们究竟是否具有代表性，也难以确定。

英国谢菲尔德大学（University of Sheffield）的科学家卢

克·霍尔曼（Luke Holman）与朗达·斯努克（Rhonda Snook）在最近的文章里提到，从雌性的角度看问题也许能帮助解释这种明显的雄性特质的演化。他们实验中使用的是另一种果蝇——D. pseudoobscura。这种果蝇拥有上述两种类型的精子，而研究人员希望通过实验观察，究竟雌性果蝇是否在全局控制中起到关键作用。确实，许多精子都被雌性生殖道内的化学物质或细胞杀死了，而包含DNA的真精子似乎特别敏感。当雄性产生更多辅助精子时，便能更好地保护真精子免受杀精剂的影响。辅助精子的作用似乎是为它们具有受精能力的兄弟们做挡箭牌。一些作者事实上把辅助精子称为“士兵精子”，但在我看来，这似乎意味着精子间在互相争斗。事实上，正如霍尔曼与斯努克指出的一样，在决定精子的生死上，雌性扮演着积极的角色。

为什么雌性的生殖道对精子如此不欢迎呢？霍尔曼与斯努克猜测，其中的一个可能性是，雌性把自己的生殖器官用作筛选设备，让来自不同雄性的精子在受精前，接受一系列残酷考验。换句话说，隐秘雌性选择可以解释看似并不具备功能的细胞类型的演化。我们对雌性用于鉴别追求者的标准了解十分有限。但有可能，就像果蝇 bifurca 具有极长尾部的巨型精子一样，是一种像孔雀尾羽般的次生性选择产物。

精子为何如此多样，到底雌性的生殖道能对精子有何影响，与昆虫精液中种种化学物质的功能等问题的答案，很大程度上需要我们在研究的过程中同时关注雌雄两性。交配后在雌性体内发生的一切，也许会为我们了解交配后行为中，雌雄两性的不同之处提供绝佳的切入口。想着那里面各种正在发生的混乱与骚动，谁还能睡得着呢！

第六章　两只果蝇进酒吧

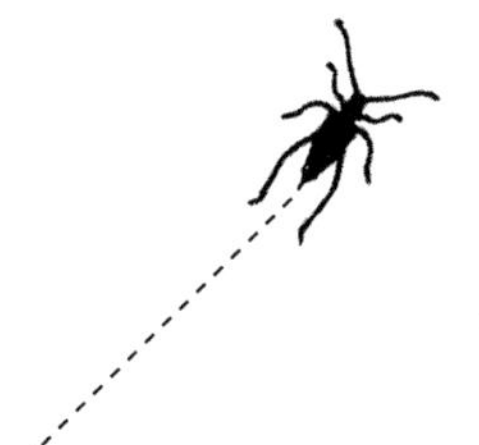

作为研究动物性行为的人，我早就对大众提出的种种不着边际的问题见怪不怪了。其中居首位的是与同性恋有关的问题，以及这种现象到底是否会发生在除了我们以外的物种身上。（另一类大众感兴趣，但在我看来难以理解的问题是，到底动物是否也会口交。我现在还搞不明白到底人们为什么在这个问题上如此好奇，却又一直害怕提问。）任何对动物同性恋行为的媒体关注，都会在网上引起轩然大波，并伴随着激烈的争论。例如，在2007年，一篇科学家通过改变果蝇体内一种与神经功能关系密切的化学物质的浓度，成功使雄性的果蝇之间相互求偶的报道，一到小报上，标题就有些变味了：《科学家让果蝇变基，又让它们直了回来》。在科学与关注男同性恋权益的博客上，对药物改变性取向的讨论从未停止。这些讨论的其中一个重点是到底“邪恶的大型制药公司”（demon Big Pharma）是否应该研制能改变性取向的药物。其他一些老掉牙的问题包括了到底性取向是后天习得的，还是遗传的；还有，同样的行为在动物界中到底还有没有其他的例子。在漫无目的的讨论中，有人开始奇怪为什么男同性恋者众多的地点——诸如旧金山与科罗拉多的博尔德——常常是如此适宜居住。

类似的还有，每当男同性恋结婚的问题有抬头趋势的时候，动物的同性恋总会被顺带提起。这一方面是因为，反对男同性恋的论据大多借用了像是“自然秩序”“自然法则”，或是“违反自然的罪过”这样的词汇。而这也让我们很自然地想知道，究竟鸟类——或者甚至是蜜蜂——是否也会做出类似的事情。婚姻问题先暂时不谈，在对人类同性恋到底有多“自然”的讨论中，动物也总会被提及。然而，至于动物行为的哪一面更受欢迎，则需要看讨论者所站的角度了。一方面，一些男同性恋的激进分子指出，这种行为属于可接受行为自然光谱中的一部分，并进一步指出，从企鹅到鲸类，类似的行为在动物界广泛存在。有时动物也被用于支持性取向并非选择，而是受遗传影响，甚至是遗传决定的一种生物学特质。一些更为保守的人士则认为，动物表现出的这类使人不快的行为，正好强调了这类行为卑鄙恶劣的本质。性取向方面的遗传学专家西蒙·勒威（Simon LeVay），对类似的争论表示无能为力：“关于动物是否拥有同性性行为的争论，已经持续了几个世纪，而它们通常都是在指责人类同性恋的背景下展开的。这个问题的答案可以概括为三大类：‘动物不会这样做，因此这是违背自然的行为’；‘动物中的确有这类行为，因此这是一种兽行’；以及‘有的动物中有这样的行为，而它们都是不洁的动物’。”

在争论的某个阶段，有人一定会说——就像从来没人想过这个问题一样——动物有许多形形色色的行为，是我们不希望模仿的。例如，以自己的后代为食，或是抛弃它们的老人。可以想象这个观点的言外之意，是想说有的时候动物的行为是令人厌恶的，因此我们在考虑我们自身情况时，应当就事论事，不必提及其他动物。虽然我们无须其他物种作为行为上模仿的榜样，但与此同时，动物们也未必得在映照出我们生活中所有的方面后，才能在某个方面给我们上重要的一课。我们常在科学实验中，利用动物来研究我们自身生物学的诸多方面，而动物与我们之间始终不是完全一致的。就算大鼠不会开车也不会去上大学，我们还是能通过观察它们来了解很多人类从婴儿长大成人的变化过程。与人类行为出奇般相似的动物行为最受人们的追捧，就像任何看过猴子母亲在出发前把幼猴熟练地抱在怀里的人都可以证明这一点。

就像我在这本书中反复论证的一样，在人类用于自我了解的动物中，昆虫扮演着特殊角色。因为它们鲜有经历父母的照料，而且通常独自生活，很少与同类交流；因此它们成虫的行为，基本上可以说是由基因所决定的。就像我在昆虫学习与个性的章节里提到的一样，尽管我们越来越多地发现它们行为的可塑性，我们还是可以比较肯定地说，如果一只昆虫看上去像是同性恋，肯定不是因为它在幼期失去了父爱，或是强势的母亲把事情搞砸了。它们的行为因此可以层层剥离，直到其最基本的要素，而这也是研究复杂行为的有用工具。

我们对动物的同性恋行为，特别是昆虫的表现有多少了解呢？人类的性取向与之又有怎样的关联呢？关于蝇类、甲虫与蝴蝶等昆虫的同性性行为研究日新月异，成果颇丰。这些成果有多方面的意义，但这些成果却对一个方面——那一开始让大多数人兴致盎然的方面，完全不适用。

降低蝴蝶的道德标准

正如布鲁斯·巴格米尔（Bruce Bagemihl）在他 1999 年的《生机勃发：动物同性恋和自然多样性》中指出的一样，不管是圈养动物还是野生动物的同性性行为，都已被研究人员关注多年了。但这并不是说，研究人员就都能心平气和地看待他们的研究成果；一名科学家在发现观察的大角羊雄性间会互相骑跨，并形成了长期的同性依恋关系时，说道："我到现在每当想到那只老公羊一次又一次骑跨着另一只公羊时，都还会觉得难为情……要描述这些公羊已经形成了一个同性恋的社会，在情感上我是无法接受的。要把这些高贵的兽类想象成'酷儿（queers）'——噢，我的天啊！"

就连卑微的无脊椎动物也能引起舆论上同样的过激反应；在1987年卷的《昆虫学记录与变异》期刊中，包含了《显然降低鳞翅目昆虫（蝴蝶与蛾类）道德标准的记录》这样的一篇神奇的文章。我已经读了很多遍，但还是不太确定到底这是不是一个半开的玩笑而已。在文章中，作者哀叹道："这是我们时代的悲剧——我们的国家报纸上总是充斥着降低道德标准的骇人听闻的细节与我们人类同伴（Homo sapiens）犯下的种种令人震惊的性侵害；也许是大时代的影响吧，昆虫学期刊虽然晚了一步，但也朝着类似的方向发展了。"他接着谈到了欧洲的雄性酷灰蝶（Mazarine blue butterflies）会积极主动地、一个劲儿地向其他雄性求偶，特别是当它们求偶的对象刚破蛹而出的时候，哪怕雌性就在旁边也于事无补。这篇文章还安心地总结道，观察中同时也发现了数对“正常”的异性配对，因此，“至少某些个体仍牢记着延续种族的使命，而这也为这个群落来年的出现奠定了基础。”

必须承认的是，《昆虫学记录》并非声望最高、引用最多的期刊，而且其中还囊括了许多其他有拟人化倾向的文章，比如，《到底杂夜蛾（Amphipyra spp.）会不会为了死得安宁而出走？》无论怎样，动物中的同性性行为，不管是在羊还是蝴蝶，都容易带出观察者不甚自然的做作情感。而按照巴格米尔的说法，我们现在看到的，也许只是自然界同性恋的冰山一角，因为其实有很多研究人员见识过它们研究的物种存在类似行为，但却视而不见，或把这类行为看作毫无意义的病态表现。

比起哺乳类和鸟类，我们对昆虫的认同感和拟人化的倾向与之大有不同。正是因为这种差异，我们至少可以把它们作为我们想法的实验场，因而不必担心在不知不觉中陷入偏见的泥淖。大多数现代科学家都不认为蝴蝶拥有道德标准，而更不用说同性性行为作为道德标准的标志之一了。我们到底能在昆虫与其他无脊椎动物中，找到怎样的同性性行为证据呢？

比如，生物学家罗兹玛丽·吉莱斯皮（Rosemary Gillespie）

在夏威夷研究的一种蜘蛛中，雌雄个体在交配前并不会经历繁复的求偶行为。相反，它们张起螯肢，径直跳向对方。如果双方都认可了这一突如其来的爱情，它们便会把螯肢紧扣在一起——为“勾搭（hooking up）”这个词做出了新的诠释——雌性会把腹部向前弯曲，来迎合雄性的生殖器官。吉莱斯皮发现，几周前采集的一对雄蛛，在容器内也会有类似的行为，它们保持配对长达 17 分钟。类似的同性配对——通常在雄性之间——也发现于自然或人工状态下的甲虫、蝗虫、胡蜂及一种生活在水边，把卵产在睡莲中的蝇类。

在长叶异痣蟌（blue-tailed damselfly）的例子里，雌性有三种色型，其中的一种与雄性颜色类似。比利时安特卫普大学（University of Antwerp）的汉斯·范·高圣（Hans Van Gossum）与他的同事把一部分雄性豆娘和其他雄性混养，而把另一些雄性豆娘饲养在雌雄个体混合的环境下。一段时间后，研究人员让这些雄豆娘在小网箱里，在雌雄两只个体间选择配偶。结果发现，曾经在豆娘世界的“英国寄宿学校”里待过的雄性，更倾向于与其他雄性配对；而在混合环境下的雄性，则更倾向于选择雌性个体。

为了更好地诠释这一令人困惑的结果，我们需要了解这类昆虫性生活的一些细节。蜻蜓与豆娘都拥有独特而复杂的交配行为。而且，因为这类昆虫飞行能力极强，我们常常能看到配对的个体在溪流上掠过。与其他昆虫（或者说，绝大多数动物）不同的是，雄性蜻蜓与豆娘事实上拥有两套生殖器官；一套位于腹部末端，另一套则更接近身体中部，位于第二腹节的腹面。在交配前，雄性会把精子从位于末端的生殖器转移到更接近身体中部的位置贮存。而当雄性找到心仪的雌性对象时，便会飞上前去，伺机用腹部末端的抱握器夹住雌性的头部后方，形成所谓串联飞行现象。配对的个体也许会保持这种姿势飞行几分钟或更长的时间。最终，如果雄性没有被雌性拒绝，它们便会落在植物或是其他物体上，形成一个轮形：雌性会把腹部末端弯向前去，与雄性的第二生殖器官（译注：贮精囊）对接，而精子传递也随之进行。（与其说是轮形，在我看来倒更像是心形，而我也时常在情人节当天的课上，给我的学生展示配对的豆娘照片。）交配中的个体会保持轮形体位大约 15 分钟。交配结束后，雌性会回到水中产卵；而雄性也常常保持与雌性串联的姿势，在一旁陪伴。

这一曲折的过程意味着，雄性满池塘地追逐雌性，得手后又长期保持抱握姿势，对雌性来说是时间上的极大浪费。因为雌性豆娘寿命短暂，很多种类的寿命最长只有几周的时间。在这段时间内，雌性身负重任，需要确定最佳的产卵时间与场所。因此，雄性的骚扰就不仅仅是恼人那么简单了——这很可能会影响雌性的繁殖能力。在长叶异痣蟌与其他许多豆娘种类里，模拟雄性的雌性色型的演化，被认为能降低雌性被骚扰的概率。因为在雄性看来，它们与其他雄性无异，因此也不会太多地理会它们。这相应地也意味着，自然选择会作用在雄性身上，让它们选择交配对象的条件更加灵活，尽量不错过任何交配机会。

范·高圣认为，这种相对开放的，对性别一视同仁的择偶观念，意味着即便这种行为并不能提高牵涉者的繁殖适合度（reproductive success），一部分雄雄配对的情况出现也是难以避免的。范·高圣的主要观点是，对于豆娘来说，雄性择偶阈值较宽的优势也较大，因为虽然有找错对象的风险，却不会像阈值更窄的个体一样，错过真正的交配机会。这与检测某些癌症的过程也有相似之处。医生宁可让某些病人得到假阳性的结果（经历不必要的活检与焦虑），也不想冒错过一些真正病征的危险。在演化中，就像医学的情况一样，究竟把阈值设在何处并非总是十分明了的。

模糊的性取向

人们有时会把像上述豆娘、吉莱斯皮的蜘蛛或是任何关于昆虫的同性性行为观察结果总结为配对的失误，因此人类的同性恋也同样是偏差所致，是一种演化上的巧合。有趣的是，一篇《国家地理》杂志上关于范·高圣研究的报道指出："这种（择偶上的）灵活度或许也会导致豆娘真正的同性性行为。"我想，这大概是想说，这位比利时人实验中的豆娘其实并非"真正的"男同。尽管想要知道它们的真正性取向并非易事。

相反，我认为，把我们看到的交配行为的灵活性和同性间的求偶等行为，看作动物正常活动的一部分更加合理。我们对雄性所谓"过错"的非难已经足够多了，但这也表现出了我们对演化作用机制的误解。正如弗朗索瓦·雅各布（François Jacob）的名言所说，自然是个修补匠，而不是个工程师。其实，他是想说自然选择并不会产生完美的结果；它只会产生足够好的特质。我们通常会把这句话与我们的身体联系在一起，因此，我们才有了并没有真正适应直立行走的脊椎，以及时不时对某些有害物质反应过度的免疫系统。但同样的道理在每个演化系统中同样适用，而行为也不例外。

菊小筒天牛（Phytoecia rufi ventris）是一种背上有红点，腹部锈色的可爱昆虫。就像名字描述的一样，它是一种菊花的害虫，一只雌虫就能害死多达七十棵菊花。它们会在菊花的茎里产卵，而这也让它们成为园艺工作者们的关注对象。与很多昆虫不同的是，菊小筒天牛没有性信息素（sex pheromone）。性信息素是昆虫散发的性别识别物质，能长距离吸引异性前来交配。而对于菊小筒天牛而言，两性间之所以能相遇，是因为它们都会聚集到某一特定高度的菊花植株上。新西兰梅西大学（Massey University）的王乔（Qiao Wang）和他的合作者发现，在植物的茎上，雄性天牛在对其他同类的反应上基本类似，而和性别没有多大关系。它们会试图爬到对方的背上与之交配，并用腹部以一种相当复杂、耗时的方式对身下的个体进行探查；直到它触及对方腹部的一小片体节时，才能判断到底它求偶的对象是雌是雄。如果发现对象也是雄性，它最终会与之分开，但王乔和他的同事们指出："雄性间也许会在它们的繁殖生命中'浪费'很多的时间。"

在旁观者看来，一切时间上的浪费，都是它们的视力，或者说性信息素腺体缺乏的错。当然，如果这些甲虫能找到万无一失的好方法判断对方的性别，它们便能有更多时间觅食、躲避捕食者，或者说做填字游戏（“能毁了你生活的化学物质”，九个字母长，到底是什么呢？——译注：pheromone）。同样的，如果人类的骨盆能更轻易地容下足月的婴儿，生产的过程将变得轻而易举，而自然生产与医疗辅助生产之争双方的激进拥护者们，就也得换个领域才能继续争论了。但在这两种情况中，演化都没有产生最好的结果，只要结果能凑合就可以了。

这样看似适应不良的特质之所以会一直留存至今，是因为不管在天牛更高效的配对过程或是人类疼痛程度更低的生产过程的演化中，并没有任何相关的基因能让演化得以施展拳脚。如果某只突变的雄性天牛辨别雌性的效率更高，那么它也许会有极高的适合度，它的后代经过一段时间，也会把旧的模式完全取代。由于遗传的无限可能性，也许某天这样的事情会真的发生。不过，话说回来，其实只要菊花存在一天，这些甲虫便能凑合着度过一天。另一个可能性是，这些特质也许是两种相互冲突的选择压妥协折中的结果：你可以拥有很好的性信息素系统，但你也许会更容易在捕食者面前暴露目标；而且也许你无法完成一些其他的关键工作。像我们很多灵长类亲戚选择的一样，如果人类婴儿出生时比现在更小，那么脑容量也势必受到影响。

颇为讽刺的是，昆虫学家常会利用昆虫的性信息素系统，构造能散发人工合成信息素的陷阱——在昆虫看来，却是浪漫在召唤；当满怀希望的追求者赶到时，落入陷阱的个体很快便一命呜呼。菊小筒天牛因为缺失信息素系统，想要诱杀就变得困难多了。

在分辨雌雄的延迟方面，同样也发生在非洲蝠蝽（African bat bug）这种拥有昆虫中最毛骨悚然的交配方式的物种身上。它们与臭虫（bed bug）近缘，但通常只吸洞穴中蝙蝠的血，对在床上沉睡的人们并无威胁。这两种昆虫的交配都不是通过雄性把精子排入雌性生殖道完成的，而是通过一种叫作创伤式授精（traumatic insemination）而为。不得不说，这个词十分形象地概括了交配的过程：雄性会用生殖器官刺穿雌性的体壁，排入精子。精子会在雌性的体腔内畅游，并最终成功受精。雄性总会选择雌性身体上的某一个特定区域进行穿刺，而在刺入的过程中，它的生殖器官必须穿过一个这类昆虫特有的结构。这个结构能保护雌性免遭雄性穿刺时随精子带入的细菌与其他污物感染。只有在求偶进行到后期时，这类昆虫才能区分对方的性别，这意味着至少在某些时候，雄性会试图与另一只雄性交配。实际上，尽管在解剖学细节上略有不同，雄性蝠蝽在穿刺区域，也拥有与雌性类似的结构。英国谢菲尔德大学研究这类昆虫的科学家猜测，雄性之所以演化出这样的结构，是为了向其他雄性宣告它们并非雌性。这种结构甚至被认为能在告知无效的情况下，给予雄性某种程度的保护，使其免遭细菌感染。再次驱使雄性交配时“挑得篮里便是菜”的选择压，就算有不希望看到的种种副作用，也还是压倒了向更保守方向的演化。

因此，同性性行为的存在，与其他任何特质间的权衡一样，算不上是更大的错误。反之，这种交配行为的灵活性本身——通过不断变化的准则，在最后关头做出决定的策略——也许正是自然选择的偏好。这能让它们在行为上投机取巧，在瞬息万变的环境中随遇而安。

对于英国河流中生活在睡莲上的一种微小蝇类而言，似乎情况就不是认错对方性别这么回事了。雄蝇会在睡莲叶上游荡，只要见到任何与雌性有一丝相似的物体，甚至是某些根本就不像雌性的物件，如水面的漂浮的腐败植物颗粒，或是其他种类的蝇类，它们也会不论青红皂白地猛扑上去。在成功骑到雌性背上后，它们会开始一段复杂精巧的求偶仪式：雄性会在雌性的背上反复抖动，长达 15 分钟之久。不想合作的雌性很快会给这一过程画上句号，而雄性也会识趣地离开。然而，在某些时候，雄性会骑在另一只雄性的背上，被骑的雄性会激烈抵抗，而骑在背上的雄性则会像骑一匹野马一般牢牢抓紧。在沃威克郡研究这种蝇类的肯·普勒斯顿－马弗汉姆（Ken Preston-Mafham）相信，在这种雄性间的行为中，居于上方的雄性能防止下方的雄性在雌性突然出现时与它竞争。如果雄性对雌性的竞争异常激烈的话，骑在另一只雄性上的雄蝇，也能更容易地从对手身上跳离，直扑雌性而去。

最后，不管起源的方式与原因，同性性行为也许还有一些始料未及的优势。正如我前面提到的，在我们橱柜里肆虐的小害虫赤拟谷盗，是遗传学与其他生物学研究中有用的模式物种。就像我刚刚提到的其他昆虫一样，雄性赤拟谷盗会与其他雄性交配。马萨诸塞州塔夫斯大学，莎拉·刘易斯（Sara Lewis）实验室的研究表明，当某一雄性个体在与同性接触后，如果立即与雌性交配，在某些情况下，留在雄性体内的精子竟也能为雌性的一部分卵受精。尽管这种情况不太可能经常发生，却指出了某些生殖上的优势，也许能在某种程度上抵消雄雄接触时浪费的时间。

拥有“同性恋基因”的果蝇

拥有奇怪性癖的臭虫先暂且不谈，人们真正想知道的是，到底同性是否具有遗传学基础。在筛查特定基因功能的研究中，人们倾向于使用繁殖快的物种，而果蝇也因此当仁不让地成了性取向研究中的明星。（正如它在其他性状研究中所成就的一样。）尽管人们很少对昆虫有认同感，特别是像苍蝇这样体型微小、嗡嗡叫的类型，但奇怪的是，只要关于果蝇同性恋的研究领域有任何风吹草动，媒体便一定会争相报道。报道常常会使用夸张的标题，诸如《果蝇倒向了它们同性恋的一面》《醉醺醺的同性恋果蝇》，甚至是《给总统的同性恋果蝇》。（坦白说，我真不知道这是想表达什么。）用 Google 搜索“同性恋果蝇（gay fruit flies）”，你便能收获超过 270,000 条结果。

科学家在开始这类研究时，并不是为了寻找同性恋的果蝇。可以肯定的是，绝大多数研究成果上了小报头条的科学家，都不会把性取向说成自己的研究方向。相反，他们正试图了解究竟大脑是如何收发从感觉器官传来的信息，或是尝试把求偶与交配行为分解为它们最基本的组成部分。从男女相爱，到三口之家（如果是果蝇的话，也许是三十口，或是三百口之家）到底都发生了些什么呢?

原来，就算在这样相对简单的动物中，繁殖行为也需要经历一套相当繁复的步骤。尽管不同种类的果蝇做法各有差异，但在许多果蝇中，雌性必须找到特定的腐果，或其他质料来产卵。当它们到达产卵场所后，等待在场的雄性能通过雌性体表散发的气味感知雌性的到来，并开始向对方求偶。求偶时，它们会表现出一系列模式化的行为，诸如试图用口器舔舐雌性，或者振动翅膀，发出需要高倍放大后人类耳朵才能听到的歌唱。这些行为与歌唱的细节因种类不同有所差异，而雄性个体间求偶的努力程度也各有不同。通常情况下，雌性果蝇会扭头就走，或者用腿把追求者踢开。如果雄性求偶顺利，雌性便会停下脚步，让雄性得以爬到雌性背上开始交配。不管是在实验室中还是野外，雄性果蝇——特别是刚羽化的年轻个体——都存在向其他雄性求偶的行为。

当然，人们如果想要了解果蝇的行为，只拿放大镜观察便已经能获得不少细节了；但多年来，科学家在研究到底哪些基因控制求偶仪式中的哪一方面及它们之间的联系时，一直在使用一些十分复杂的遗传学技术。现在的技术已经能允许科学家建立缺少某一特定基因，而其他方面与野生型（wild-type）果蝇无异的果蝇基因敲除系（knockout strains）。此外，科学家还能控制特定基因的表达情况，能在不破坏基因序列的前提下，使其暂时失活（译注：基因敲落）；同时，外源基因片段也能通过实验操作，插入研究物种的基因组中（译注：基因插入）。

调控果蝇交配行为的基因中，最重要的一个被称为无后基因（fruitless）。——模式物种中的很多基因都有特别的名字，其中有些名字尤其独出心裁，例如音猬因子（sonic hedgehog，源自日本电子游戏人物“刺猬索尼克”。）如果雄性果蝇的无后基因经历了某一特殊突变，它们还会继续向雌性求偶，但方法上会有差错。我们还不清楚到底问题出在哪里，但也许是因为它们无法把翅膀完全展开进行歌唱。而这对雌性果蝇来说，是原则上所完全不能接受的。这种缺陷只会影响求偶——它们能正常飞行，也能振翅拒绝其他接近的雄性。无后基因的另一种突变会引起雄性果蝇对其他个体不加分辨地进行求偶。当把几只突变雄果蝇放在培养皿中时，它们会形成一套雄雄求偶链，每只雄性既在示爱，同时也在被追求。雌性的无后基因突变果蝇也会表现出通常只出现在雄性中的一套求偶行为，向周围的雌性示爱。

无后基因会影响果蝇脑中许多不同脑区，其中的每个区域对果蝇的繁殖行为来说都十分重要。一位日本研究人员木村健一（Ken-Ichi Kimura），精细地解剖了无后基因突变型与野生型果蝇的脑。他和合作者们发现，与野生型果蝇相比，雄性突变果蝇的脑中只有少量神经细胞缺失。而在会向其他雌性求偶的雌性果蝇中，这一神经细胞簇也同样存在，尽管正常的雌性果蝇并没有这一结构。

因此，到底无后基因是所谓的“同性恋基因”呢，还是神经细胞本身让果蝇有同性恋倾向？先别这么快下结论。木村与同事同时也在研究另一个基因——双性基因（doublesex）的突变情况。他们发现，果蝇脑中的一簇神经如果同时受到两个突变基因的影响，便能引起雌性的求偶行为。通常情况下，这一神经簇因为雌性脑中一种“雌性化”蛋白的影响，会早早在发育过程中凋亡；但如果无后基因同时存在，这簇神经便能继续存活下去。因此，以上的两个基因必须同时存在，才能保证只有雄性会向雌性果蝇求偶。

那么这两个基因都是“同性恋基因”吗？我再重申一次，不对！只拥有能调控求偶行为的基因是不够的。雄性还需要感知雌性的存在，这意味着处理视觉、嗅觉，或许还有另一只果蝇发出的声音等信息。照这样看，对于这一过程，还有更多的基因牵涉其中。雄性果蝇的行为由性信息素，或者说雌性散发的气味触发。已经交配过的雌性，与处女雌性或者雄性相比，产生的气味也并不相同。但对雄性而言，探测这些信息素的基因也是必要的。果蝇没有独立的味觉与嗅觉器官；它们足部的感受器起到了探测两种信号的功能。（这就是为什么它们得在物体上爬过后，才能确定是不是食物；同时，也是它们之所以能如此轻易地传播病菌的原因。）杜克大学（Duke University）的研究人员在2008年发表的文章指出，一个感受信息素的基因在交配行为中起到了关键作用。这个基因被乏味地命名为Gr68a，雄性突变个体会向已经交配的雌性与其他雄性求偶。它们的行为已经超越了一般的触碰与歌唱，而是真正意义上尝试与其他雄性交配。此外，与大多数嗅觉与味觉感受器不同的是，这一感受器捕捉的信号会绕过神经系统的其他部分，径直进入果蝇的脑中。这也从另一个侧面说明了Gr68a在调控交配过程中，有着不可或缺的重要地位。

其他表现出雄雄求偶行为的果蝇，在dissatisfaction和prospero，以及quick-to-court这些基因上存在变异。此外，生理活性广泛，在学习、运动与大脑处理疼痛和快感中起到重要作用的神经递质多巴胺（dopamine），在果蝇同性求偶中也有所涉及。多巴胺在许多动物类群中都有发现，包括人类在内，脊椎动物与无脊椎动物都会使用这种神经递质。有趣的是，如果你设法提高果蝇体内多巴胺的含量，便能提高它们向其他雄性求偶的倾向；尽管与此同时，它们仍会向处女雌性求偶，对气味信号的反应也没有变化。而如果关于多巴胺的新发现已经让你细思恐极，那么请再看看这个领域的其他发现吧。进一步的研究表明，如果经过基因改造而无法在正常温度下释放多巴胺的果蝇有接触酒精的机会——就是啤酒、伏特加及其他酒类中的酒精——它们也会开始出现同性求偶现象。当多次接触酒精后，雄雄求偶会变得更为显著。研究人员观察果蝇的饲养箱很快便有了“果蝇酒馆”的美名，而不可避免的新闻报道，也出现了一如既往风格的《果蝇证明了酒精能使人变基》。

通过化学更好地了解性

这类研究中使用的大多数果蝇，行为的改变是永久而不可逆的。但在果蝇性行为的遗传学研究领域，最振奋人心的一项新发现指出，向雄性或雌性求偶的倾向，能在几分钟内人为开启或关闭。

芝加哥伊利诺伊大学（University of Illinois）的戴夫·费瑟

斯通（Dave Featherstone）在一封写给我的电子邮件中，表达了对我工作的嫉妒。因为按他的说法，他之所以“投身生物学领域，是因为能周游世界，并生活在野外观察动物”。他说：“但不知怎么的，我最终却关进了实验室，研究种种怪异的小细节。早知道这样，我还不如当个会计呢。”作为一名（至少在某些时候的）野外工作者，我对他的评价受宠若惊，但他的谦逊也同时淡化了他工作的重要性，因为这些工作既不怪异也不琐碎。费瑟斯通感兴趣的是，到底神经系统中的细胞间，特别是在它们之间的缺口——突触（synapses）——间，信息是如何收发传递的。他的实验室主要研究一种叫作谷氨酸（glutamate）的神经递质，这种物质在他的网站上是这样写的：“谷氨酸是脑中细胞间交流的语言。谷氨酸受体（glutamate receptors）则相当于这些细胞形成听觉的耳朵。”

信息——不管是关于性、食物还是任何其他事物——在传递时，并不会直接从一个神经细胞直接地跳转到周围的另一个神经细胞。因为如果是这样，信息汇总到大脑时，便已经是一团糟了。相反，不同神经细胞表面的受体调控着到底哪些记忆能够保留，哪种行为需要执行，哪类信号被认为是重要的。费瑟斯通研究的方向是神经递质谷氨酸在果蝇脑中的功能。果蝇脑中利用谷氨酸的方式与人类有很多相同之处，但很明显，操纵它们容易得多。

费瑟斯通与同事在研究化学求偶开关时，使用的果蝇在另一个基因——性别盲（genderblind）上存在变异。突变型的雄性果蝇，就像无后基因突变的果蝇一样，对雄性与雌性都会求偶。这只是简单的观察结论，但真正令人振奋的是，科学家的深入研究找到了其背后的机制。性别盲基因调控着谷氨酸从神经胶质细胞（glial cells）向外转运。神经胶质细胞本身并不参与神经信号的传导，但能与其他细胞沟通，并协助其实现功能。谷氨酸能接着作用于突触，也就是神经细胞间的接合点，而突触的强度对动物行为的很多方面来说，都是极为重要的。通过遗传与化学手段而来改变突触的强度（与果蝇原本的基因突变情况无关），研究人员有时能在几分钟内控制究竟雄性果蝇只求偶雌性，还是雌雄通吃。研究人员接着还能让果蝇回到原先的状态。研究人员操纵的果蝇因为神经细胞突触间的谷氨酸含量过高，对其他果蝇散发信息素的理解也略有不同。通常情况下阻止其他雄性靠近的雄性信息素气味，在这些果蝇看来，却也十分诱人。

事实上到底发生了什么呢？请回想，就连野生型的果蝇也会向其他雄性求偶，特别是在它们刚达到性成熟的时候。它们会遭到被追求雄性的拒绝，并在大约半小时的挫败后最终学会放下。但性别盲果蝇就是不会接受失败的事实，这让费瑟斯通想到，也许事实的真相是，这些果蝇至少在某种程度上，无法从经验中学到失败的教训。他实验室现在的研究主要集中在究竟谷氨酸是如何参与这个过程的。富于讽刺的是，探寻求偶与交配行为相关的基因和化学物质的研究最终发现，学习能力这一最具可塑性的行为，是整个事情的关键所在。没有什么比论证一个基因或一组基因能导致同性恋，离真相更远了。

但不论如何，媒体对费瑟斯通发现的态度，就像搜寻同性恋基因的豺狼一样。也许是因为果蝇性取向转化的速度之快，媒体评论员似乎认为这项工作意味着我们可能，甚至很有可能研制出一种能改变人类性取向的药片，并将其用于“治愈”同性恋，或把这样的药在娱乐中使用，让人能在不同的情况下，在是否同性恋这个问题上切换自如。当我在《洛杉矶时报》刊登了一篇介绍费瑟斯通的研究的短文中指出研究中真正有趣的部分——谷氨酸的功能，在一片喧闹中早已被忽视的时候，我收到了指责我推进了把同性恋赶尽杀绝的电子邮件。另一篇报道使用了这样的标题——《如果有决定弯直的开关，你会去碰吗？》尽管在论文中，没有给出任何与此类问题相关的答案。就连费瑟斯通的一些同事也质疑他在文章中使用“同性恋”这个词的做法，称其为“小报语言”。

事实上，任何觉得“同性恋”是小报语言的人，在杂货店收银处花的时间肯定还不够多；而这种过激反应，实在是太不应该了。费瑟斯通指出，他研究中观察的求偶行为，的确发生在同性之间，因而同性恋一词并无不妥（译注：homosexual 也可以译作同性性行为）。但很多人却在讨论性取向，或者对某一特定性别伴侣的偏好上使用这个词语。正如他所说，“我们的数据，与最近鼠类研究的数据表明，配偶的选择并非像某种‘指南针’一般，只能指向一个目标……我们在这里做个比喻：伴侣选择就像食物的选择一样。事实上，我喜欢玉米肠，并不会阻止我喜欢比萨饼。它们感官上的刺激各有不同，而我也可以对二者做出独立的回应……‘同性恋’与‘异性恋’只是对某种特定配偶选择的描述性术语，就像‘玉米肠’与‘比萨饼’定义了某种特别的食物一样。”

以上的事例仍然不能说明，人类的性取向是可以轻易改变的，或者我们能像在菜单上选择午餐一样，灵活改变性取向。

（不过，戴夫——难道真的非得提玉米肠不可？）但是，这却说明了此类研究的结果，有多么容易被科学家与非科学家所曲解。

该吃药了吗？

到底这些昆虫研究对我们了解同性性行为有多大的帮助呢？所有研究突变果蝇的科学家都会在第一时间指出，尽管果蝇与人类共享了75%的致病基因，无后基因的对应基因却并没有在人类中发现。因此，就算果蝇的行为与人类的某些行为有那么一点类似，昆虫与我们也只是殊途同归而已。

我们可以肯定地说，在自然界的许多物种中，同性个体间的互相吸引都广泛存在。而至少对果蝇而言，我们可以在实验室里，找到这种行为的根源。但同性性行为对果蝇而言，便与像灵长类、鸟类与其他脊椎动物这类更加复杂的社会性动物的对应行为有所不同了。例如，夏威夷的黑背信天翁（Laysan albatross）的雌雌配对个体，会在几个繁殖季节中都在一起，如果它们被群落中其他的雄鸟受精后，便会合力养育后代。黑猩猩体型较小的亲戚倭黑猩猩（bonobos），雄性间与雌性间会经常性地发生同性性行为；性似乎在倭黑猩猩的社会中，起到缓解族群中社会紧张氛围的作用。在这些与许多其他动物中，性行为并不仅仅意味着繁殖后代。对野生动物不熟悉的人常常会对动物的性行为有错误的印象。在他们的眼中，动物间的性接触只是为了繁殖的例行公事；雌雄会面，交配，而后各奔东西。但在社会性动物中，性并不仅仅意味着繁殖后代，它也是一种沟通方式——与同种间其他个体交流的方式之一。

果蝇与其他我在之前讨论过的昆虫都没有复杂的社会结构，而性对它们来说也没有上述的种种社会意义。但就算如此，它们仍会表现出同性性行为，甚至是交配。而在我看来，并非是昆虫太傻，而是性太复杂。想要知道到底该怎么做，需要基因与环境间复杂的相互作用。费瑟斯通与许多其他研究人员在研究中观察并记录了突变果蝇对去掉头部的，而非活生生的雌雄同类的反应。果蝇的身体仍会散发相同的嗅觉信息，也能在雄性展示自己的时候起到观众的作用，但很明显，它们无法与同伴互动。去掉头部，对于个体间难以避免的互动，以及其对结果可能的影响起到了很好的控制变量效果。基因不会让果蝇像僵尸一样，不管情况如何都表现出同一套行为。相反，基因与它们调控的化学物质，影响着果蝇对各种体验的理解——像是被其他个体接受或拒绝。

果蝇与其他昆虫也会利用同性间的某些互动方式，来练习它们的求偶技巧。年轻的雄果蝇常会被较年长的果蝇追求；而斯科特·麦克罗伯特（Scott McRobert）与劳里·汤普金斯（Laurie Tompkins）指出，有过这种经历的年轻雄性，以后在追求雌性时会更加成功。这种差异性并不大，但在演化中，任何优势都很重要。在跟大多数遗传研究常用的黑腹果蝇不同的另一种果蝇中，在发育阶段与同类隔绝的个体，成虫后在区分同种个体与另一个近似种个体间会存在困难。这是一项十分重要的能力，因为杂交后代是不育的，是演化上的灾难。尽管果蝇并不像狼、倭黑猩猩甚至是蜜蜂那样拥有真正意义上的社会组织形式，经验在它们的个体识别中，似乎也起着重要作用。这些果蝇中也会出现同性性行为的现象，而这类行为在社交经验不足的个体中，比在混养个体中出现的要频繁得多。

大众之所以对费瑟斯通的工作如此感兴趣，某一方面大概是因为在他的发现中，改变果蝇性行为的，并非某一基因，而是“一种化学物质”。这也引起了使用药物来改变某人性取向的种种思考。如果果蝇在这一方面与人类一致，这也就意味着我们神经系统中的谷氨酸也与性取向有关了。但我并不觉得这有什么大不了的，又或者有任何短期内改变人类性取向的可能性。事实上，这种化学物质在控制性取向的同时，也控制着我们的众多其他行为。这便意味着，其实什么都是浮云。

化学物质是我们基因施展其影响力的媒介。我们可以说，某个基因控制着眼睛的颜色、消化的速度或者到底我们喜欢不喜欢杧果，但这到底意味着什么？在某个阶段，一定有某种化学物质的参与，化学物质能让生活更美好？（译注：与电影《药让生活更美好》呼应。）其实更应该说，化合物就在我们的生活中，句号！费瑟斯通的实验室挑出了细节中的魔鬼，将编码特定蛋白的基因，与这些蛋白质所调控的化学物质的作用完整地联系在了一起。但就算在果蝇这样的生物中，这里面也没有什么能撼动经验至关重要的作用。

到底费瑟斯通自己面对这些信息会做何打算呢？他似乎并没有与大制药厂合作生产改变性取向药物的打算。这也许是因为他觉得目前这还不太可能成功，但他还是有自己的想法的。在他的网站上有这么一段话："了解果蝇的神经生物学，提高了我们建造一支冷酷无情的仿生昆虫军队征服世界的可能性。在暴虐的生物技术宝座上，我们能向任何曾经曲解过我们的人复仇。

喔，这是在干什么？你的耳朵已经嗡嗡作响了？希望你还站在‘我们’的一边！”

对于这个问题，我只能说这么多了。我真心希望，这只是他的一个玩笑。

第七章　护幼行为与腐尸

我实在想不通，每当自然纪录片要展现动物家庭的时候，总会播出猴子如何溺爱它们的子女，或者勤劳的鸣禽衔着满嘴的虫子来到巢前的画面，为何他们不选择昆虫作为拍摄对象呢？此刻在花园的落叶深处，正在上演着无数温柔父母亲对孩子的无私奉献。想要找到一个理想的动物母亲，在我看来蠼螋（earwig）是最适合不过的了。雌性蠼螋在产卵后，便伏在卵上，为后代们清理真菌和其他污物，并提防捕食者来袭。一旦这些卵孵化，成为与父母长相类似的若虫，雌虫便会外出为它的宝宝们捕捉一些蚜虫或其他的小无脊椎动物。一些种类的雌性还会预先把食物消化好，再反刍给那些迫不及待的小家伙们，就像给哭闹的婴儿一个奶瓶一样。如果孩子身处险境，发出求救信号，母亲便会立即积极抵御外敌。哦，传说它们会爬到人的头上钻进耳朵里？这完全是胡说！按照昆虫学家詹姆斯·科斯塔（James Costa）的考证，这种昆虫的名字原本是耳翅虫（ear-wing），因为这种昆虫的后翅与人类耳朵的形状很相似。(说实话，我是看不出来；但这个版本的说法倒是值得一听。)而这如何变成了有关耳朵的恐怖故事就见仁见智了。

无可否认，我碰巧对蠼螋有一种众人难以理解的好感，但自然界里还有许多其他很棒的昆虫父母。真正的冠军非社会性昆虫莫属，像是蜜蜂与蚂蚁。在短暂的婚飞之后，雌性便深居巢中，之后再也不会外出。它们夜以继日地产卵，就像流水线一样，再没有其他的活动。当然，在巢中出现新成员后，那些喂食、清洁和守卫的工作便旁落到了这些其他个体身上。但它也没有闲着，还在用它保留在身体里的精子为卵受精。它永远不会期望孩子长大后为自己做些什么，它的巢永远不会空着，它毕生都在奉献。我猜想蜂后与蚁后在职业上也许选择的余地不大，但不少人类母亲心想的，如果不是为了孩子，她们也许会成为《财富》世界500强企业的董事长，也是不太现实的。

喜剧演员弥尔顿·伯雷（Milton Berle）说过："如果演化理论成立的话，母亲怎么会只有两只手呢？"答案是：至少有些时候，母亲会有六只手。社会性的胡蜂、蚂蚁与蜜蜂在养育后代方面已经高度特化，很多其他的昆虫，从蝽到瓢虫，对后代的抚养程度则不尽相同。某种负子蝽（giant water bug）雌虫将产下的卵黏附在雄虫的背上，并由雄性照顾，直到孵化。而某些猎蝽（assassin bugs）双亲都会守护在卵和刚孵化的若虫身边。瓢虫会在卵块的周围产一些未受精卵，显然只是为了在饥饿的瓢虫幼虫孵化后，能以这些卵为食。某些种类的蟑螂，比蠼螋还要臭名昭著，它们的父母在交配后，仍不会分别，而雌性会用某种近乎牛奶的分泌物哺育后代。某些昆虫的雌性会肩负起所有照顾后代的责任；而一些其他的昆虫则由雄性负责，或是双方合作。当然，在大多数的昆虫里，后代根本没有得到任何照顾，亲代产完卵便会离开，而它们的后代一孵化出来就得自食其力了。

这些多样性使昆虫成为研究家庭生活演化的理想对象。为什么育幼行为只出现在某些特定类群，而在其他类群中却完全不存在呢？从清洁虫卵到送孩子上大学，为什么不同动物间会有如此大的差异？为什么在众多物种中，母亲单独照顾后代的情况最多，然后才是双亲合作，而父亲独自育幼的情况最少呢？

人类和其他社会性哺乳动物对回答这些问题没有太大的帮助。我们照顾后代时总是全身心投入，因此，我们也无法对比护幼行为存在与缺失时的情况了。科学家们通常以鸟类作为模式物种，研究父母育幼行为的演化；但与昆虫相比，鸟类育幼行为的多样性就有些相形见绌了。确实，一些鸟类，比如鸭子在孵化后便已经摇摇摆摆能走路了，它们只需要被领到最近的水体便能自食其力；而其他一些鸟类，比如知更鸟，就需要父母花上长达几周的时间，不辞劳苦寻找食物来喂养嗷嗷待哺的幼雏。但上述的差异一与昆虫相比，便显得平淡无奇。在众多昆虫中，有的蝴蝶在植物的茎上产完卵便会飞走；而某些甲虫（译注：葬甲科成员）双亲则相互合作，为它们的后代准备一个腐肉球为食，只要幼虫发出乞食信号，父母便会用液化的食物饲养它们。

当然，人们对养育子女一向看得很重，这也是这类行为非常有趣，非常值得我们研究探索的原因之一。例如，我们想知道父亲“重男轻女”是否有其“自然的”一面，抑或对照顾后代其实兴趣不大。除了上述的问题外，研究家庭演化对我们了解社会性的演化也有帮助。社会性的核心在于个体间的最古老的纽带：母亲与子女的血缘关系。只要父母对后代投入照顾，后代们为争夺有限的资源，必定会上演一场兄弟阋墙、联盟结成与崩塌的戏码，从而使得社会关系更加错综复杂。眨眼间——好吧，或许是过了几百万年——我们便有了一个拥有保险公司、电影产业与超市小报的社会。家庭演变成了劳工联盟、政治党派和皇家王朝。而所有这一切，都得从第一只开始护卵的雌性昆虫说起。研究昆虫让我们了解我们是如何一路走到今天的。真正的社会性昆虫包括蚂蚁、白蚁与不少蜜蜂和胡蜂，正如本书别处提到的，它们的个体间的亲缘关系十分独特，使它们行为的成本与收益有别于其他生物。因此，我会将重点主要集中在这些“另类”的社会形式上；而我们在了解这一复杂网络的过程中，才刚刚迈出试探性的第一步。

与你有何关系？

如果大部分昆虫，或者说大部分动物在产下卵后便撒手不管，任凭后代雨打风吹，那么为什么更加精心复杂的育幼行为会在某些特殊类群中演化出现？人们通常认为，人类婴幼儿需要的照顾越多越好，是因为我们这个物种有以下两大特点：一是高智商，许多技能并非本能，靠的是后天学习；二是我们出生时并未发育完善，完全无法照顾自己。我们的智商和与之伴随的复杂的生活，意味着父母需要花费大量的时间去教导孩子如何在社会上立足。如果我们是简单的小自动机（automatons），按照传统的看法，我们也可以把后代甩给残酷的世界，让他们自食其力就好。但是，面对着封口的燕麦盒和纸盒包装的牛奶，更别说野外的羚羊与山药了，人类儿童自己是吃不到的；他们需要其他人的帮助，直到能利用学到的知识自食其力为止。

当你考虑到昆虫的时候，上面的说法就显然存在漏洞了。虽然它们确实比我们之前所认为的要更聪明，但正如我之前所说，我是不会想用门萨（Mensa，译注：一种智力测试）测试来验证它们的智商的。尽管智商与我们并无可比性，许多昆虫依然显示出了十分复杂的育幼行为。再者，对后代照顾有加的昆虫种类也不见得比不照顾后代的昆虫在智慧程度上有任何不同。

也有人认为我们必须照顾小孩是因为他们在出生时仍属于发育早期。我们巨大的脑容量意味着，如果胎儿在母体中再待久一些，便很难通过母亲的骨盆了。而这也与所谓的"我们之所以需要母亲长年照顾，都是因为我们实在太聪明了"的观点不谋而合。但在这一点上，昆虫又一次让这种观点显得疑点重重，因为虫卵的大小与孵出幼体的脑容量间似乎并没有什么关系。蠼螋母亲虽然溺爱子女，却也没有像人类母亲的产子方式一样，产下它们六条腿的后代。

无论演化的表征是行为（如育幼行为），还是身形特质（如尾巴的长短），在我看来，真正重要的还是这些表征背后的演化原理。某种适应性变化想要在物竞天择中得以保全，就必须对所在个体的遗传适合度有所贡献。同样，亲代的育幼行为虽然需要更多的时间和精力，但理论上比起丢弃后代而去繁殖其他后代来说，这种投入能使物种拥有更多的后代。如果养育后代的方式能留下自己更多的基因拷贝，那这无疑是值得的。当然，产生大量后代本身好处众多，但只有在这些后代能存活到繁殖年龄的前提下，才真的算是在演化上中了大奖。无节制地繁殖后代而不能保证它们的存活是毫无意义的。

对昆虫而言，放弃繁殖更多的后代的机会，而转向照顾好已有后代的主要原因，是因为捕食者的威胁。这是一个虫吃虫的世界，因此对于虫卵来说，处境可想而知是多么危险。一种个体较小，暗黑色的土蝽（burrower bug），雌性会在森林泥土上的落叶堆中保护她产下的卵，若虫孵化以后，它就会用长在附近的唇形科植物（与薄荷近缘）的小坚果给后代喂食。日本北海道大学（Hokkaido University）的研究者士松中平（Taichi Nakahira）和工藤新一（Shin-ichi Kudo）通过实验说明，如果他们把这种雌性昆虫从卵块上取走，这些卵很快便会被天敌取食或者被真菌感染，几乎所有的卵都无法成功孵化。在下加利福尼亚半岛严酷的沙漠中，一种盾蝽（shield-backed bugs）在变叶木的茎上蹲伏在卵块上保护后代，同样，一旦母亲被移除，这些后代几乎马上就会被蚂蚁或其他昆虫吃掉。这些卵如果不巧落在沙地上，它们也会皱缩死去。母亲的照顾看起来像是满满的爱，但实际上这是一种为了保证自己的基因能成功传递的明智投资。

这种利益权衡在蠼螋中有着更为淋漓尽致的体现。与土蝽不同，某些种类的蠼螋雌性有时会照顾后代，而有时则不会。这种情况下，某些巢内的后代能获得更多照顾，而某些巢中的照顾则相对少些。在论文《蠼螋家庭生活的成本和收益》（其中透出的一丝风趣，就像看情景喜剧一样）中，瑞士巴塞尔大学的马赛厄斯·克利克（Mathias Kölliker）指出，雌性蠼螋有时在一个季度里会产下两窝卵，但如果它们选择投入更多的工作放在保护第一窝卵时，产第二窝卵就变得更加困难了。即使最终它们确实产下第二窝卵也比那些选择不保护第一窝卵的雌性蠼螋产下第二窝卵的时间要晚。这种延时产卵的结果可能非常残酷，因为寒冬将至，雌性蠼螋们必须在保护第一窝卵的收益和太迟产下第二窝卵的代价间进行权衡，而第二窝卵很可能在秋季的第一场风暴中全数死去。

在北美东部发现的一种雌性角蝉（treehopper）与此相似。它们照顾后代的时间长短不一，而有的雌性角蝉产下卵后就离开了。安德鲁·津克（Andrew Zink）在一个季度里不辞劳苦地跟踪调查了 370 只雌性角蝉。他在这些角蝉背上涂色，从而区分不同个体。日复一日的观察显示，雌性去留的最终结果，其实是半斤八两，并无显著差异。雌性角蝉对后代照顾的时间越长，其后代孵化率越高，但产下的后代数量较那些不照顾后代的雌性角蝉少。照顾后代的行为，如果从演化的角度看，必定有其自私的一面。某只雌性如果在困难时期因照顾少量后代而死去，那它传给下一代的基因拷贝就很少了；但如果它选择及时抛弃已经产下的后代以求自保，这种“留得青山在，不怕没柴烧”的策略也许更具优势。

当母亲知道自己产生第二批后代已经基本不太可能的时候，对第一批后代的精心照顾便更有机会得到丰厚回报。在这种情况下，母亲有时会倾尽所能，正如来自澳大利亚的泰德·埃文斯（Ted Evans）和他的同事们在一篇关于社会性蜘蛛的论文《以母亲为食》里所描述的一样。当然，蜘蛛并不是昆虫。我之所以特别提到它，是因为这个例子很好地说明了为什么演化能产生有着明显自毁倾向的行为。喜欢《夏洛特的网》（*Charlotte's Web*）的人们也许知道，几乎所有的蜘蛛中都存在育幼行为，但在这一种蜘蛛中，幼蛛会从还活着的母蛛腿部关节处吸取体液。它们不断吸取母亲的生命，如埃文斯所描述的“几个星期之后，雌性蜘蛛越发虚弱，直到无法动弹，它的后代们已经将她吸食殆尽”。这些科学家称量幼蛛的重量，发现其所增长的重量与母亲失去的相差无几。雌蛛越丰满，意味着它为后代留下的食物越多；而更瘦弱的母亲很快就被吃完了。这个时候，饥饿的幼蛛很有可能转向更加残忍的一面：以自己的同类为食。为了防止自己的后代们自相残杀而宁愿让它们吃掉自己还在微微颤抖的身体，这听起来像是菲利普·罗斯（Philip Roth）写的小说一般，但这对蜘蛛来说也有合理之处；因为每一只被同胞吃掉的后代，对亲代而言，都是一种遗传投资的损失。

护幼行为，先不论夸张程度，究竟会在怎样的条件下出现呢？哈佛的生物学家（同时也是蚂蚁迷）E.O. 威尔逊在他的一本经典著作《社会生物学：新的综合》中列举出种种有助于父母育幼行为演化的“原动力”。其中之一是我前面所提到的来自捕食者的威胁，其他的条件还包括物种所处的环境本身。如果它的食物来源不稳定或者气候严酷，父母的照顾就能更好地帮助它们在变幻莫测的环境中有一个好的开始。

特拉华大学（University of Delaware）的道格·特拉美（Doug Tallamy）和托马斯·伍德（Thomas Wood）对此进行了更进一步的研究并指出，除此之外，演化出亲代育幼行为的物种还必须具备某些先决条件。首先，这些物种只会在一年中某个特定的短暂时间段繁殖，以确保育幼行为的投资有足够的回报。而且，它们必须能存活足够长的时间来照顾后代，这对寿命短的昆虫来说要求太高。另外，因为昆虫的卵在缺乏亲代保护的情况下，一般撑不了太久，因此它们不能在夏天与其他适合的季节只管自顾自地生长。相反，它们必须在好日子刚开始时便已经成熟，或基本成熟，来保证它们的后代能在最好的时间段内，在亲代的照顾下成长。最后，这些物种必须本身就有某些行为模式，以供育幼行为在演化中加以改编。特拉美发现，在交配季节，如果雄性表现得过于热情，雌性网蝽（lace bugs）为了保护后代，也会表现出激烈的抵御行为。

这一系列的特质被称作“预适应（preadaptations）”，这些特征出于某些其他原因恰好原本就在某些物种中预先存在，而随后在不同的选择压下，这些特质被加以借鉴与改造，从而成为能在不同条件下运用的新特质。自然选择本身并不能凭空造物；而与育幼、斗争、消化新食物或者其他种种的演化创新相关的原材料，必然在最初便已存在多时。预适应与所谓的“先兆（premonitions）”间容易混淆——你生活在食物稀少，抑或是寒冷恶劣的环境中，并不是因为大自然认为你以后得为人父母，便必须事先“苦其心志，劳其筋骨”；更可能的情况是，预适应就像你仓库中堆放的各种物件。如果哪天你想组装一个书架，但家得宝（Home Depot）（译注：家具供应商）不存在了，你便只能看看自家仓库里还有哪些可以利用的存货了。亲代的育幼行为同样建立在已有生活方式的基础上，并在自然选择的指导修正下，才逐渐形成我们现在看到的样子。

这回轮到你照顾宝宝了

母亲比父亲更爱自己的孩子，因为她们更确定孩子是自己的。

—— 亚里士多德

我的一个男性朋友跟我谈起，他曾经带着自己的孩子去托儿所，而所有的妈妈都用异样的眼光盯着他看，仿佛他是一个虐待儿童的人。尽管近几十年社会有所进步，但在照顾孩子这件事情上，仍然是母亲比父亲投入更多。这种情况在动物界，包括昆虫在内，都十分普遍。为什么呢？

正如他对其他许多基本真理的了解一样，亚里士多德对育幼行为也有自己的独特见解。上面他所提到的观点在行为生物学家眼中，便是父亲的“亲权认定（confidence of paternity）”。而这其中并没有任何对雄性会时刻清醒意识到自己有可能被戴绿帽子的暗示。例如，雄鸟辛辛苦苦地一次又一次衔了满嘴的毛毛虫回来，喂养在它巢中张大嘴的孩子们，但这些孩子身上可能并没有它的基因，因为雌鸟也许在几周前的受孕期，便跟另一只雄鸟交配过了。更糟糕的是，它失去了大量本可以用来追求其他雌鸟的时间。而雌鸟就不一样了，无论产卵与否，它永远都在事件的第一现场（巢寄生是个例外，对此将在之后论述）。对于哺乳动物，由于交配和生育的发生时间隔得更开，要知道后代的父亲是谁就更难了。当然，对于哺乳动物来说，只有母亲能给后代喂奶，但父亲的作用也不容忽视，比如保护家族安全，或者是为孩子的母亲寻找食物。

两性间对后代投入回报的差异往往被认为是雄性极少照顾后代的唯一原因。确实，雄性拒绝为其他个体的遗传投资买单，从演化的角度来说很容易理解，比起照顾孩子，努力竞争交配权能得到更多收益。父权的不确定性尽管在繁殖行为的演化上有某种程度的影响，但如今看来这并不是唯一的原因。说起来我们都觉得雄性“应该”出去寻找更多的交配机会，而并非待在孩子身边抚育后代。但是，即便离开，它能有多高的成功概率呢？我们都喜欢把雄性塑造成竞争、好强的形象，但在现实中，我们生活在残酷的世界里。雌性很可能非常稀少，而且，它们也不一定愿意跟每个路过的雄性交配。再说了，捕食者一直在周围虎视眈眈，很可能在完事之前就把命给丢了。这些变量间的平衡稍有改变，亲代的育幼行为便可能落到雌性、雄性，或是两者身上。昆虫在研究“固有的”两性角色中是极佳的研究对象。因为雌虫产卵后，无论是雄性还是雌性都能担起保护与喂养后代的责任；而不像哺乳动物，只有雌性有那套产生乳汁的硬件设施。

父亲独自照顾后代，在昆虫界就像在别处一样不甚常见；然而，一旦它们承担起这份责任，完成任务的质量就都很高。负子蝽是半翅目昆虫（true bugs），这意味着它们具有吸管般的刺吸式口器，用于吸食流质食物。像蚜虫这样的半翅目昆虫只吸取植物汁液，而负子蝽则是非常凶猛的捕食者，它会伏击其他无脊椎动物、鱼类、蝾螈和青蛙等猎物。捕获猎物后，它立即将酶注射到猎物身体里，使其从内部溶解，以便随后吸食。负子蝽的身形只有杏仁大小，但在世界各处的湖泊河流里均有它们的踪迹。

到了繁殖季节，雄性负子蝽会轻轻拍打水面吸引雌性注意。对于一般昆虫来说，雌性会在交配后带着精子离开；但是，大部分负子蝽的雌虫却把卵产在雄虫的背上。卵块排列得很整齐，直到若虫孵化。早期的博物学家也注意到了这类奇特的昆虫，但背着卵的个体一直都被当作雌性。即便这些个体的性别已经确定，科学家却一直拖到 1935 年才把雌性让雄性背卵的事实公之于众。雄性只有在交配之后才允许雌性把卵产在自己的背上，这是为了保证至少大部分产在背上的卵是自己的后代。之后雄性会尽心尽责，保证背上的卵都有足够的氧气供给；为此他会周期性地把背扬出水面。虽然一只雄负子蝽的背上能背负多只雌负子蝽的卵，但背上的面积还是有限，雄虫会尽可能调整雌虫产卵的位置让那些卵不漏缝隙地排列好。背着卵到处游动可不是一件容易的差事，那些卵的重量加起来有雄负子蝽本身重量的两倍之多。有一类雌性负蝽科昆虫（译注：田鳖一类）把卵块产在水边的植物上，雄虫将肩负起保卫这些卵的任务。雌虫离开后很可能到其他地方产下另一批卵，由另一只雄虫照看。等幼虫都孵化以后，这位尽责的父亲仍然守护在旁边，一方面是为了防御捕食者，另一方面也防止它的后代自相残杀。有人还拍到过一群长着条纹的小田鳖若虫在植物的茎上嬉戏，就像抓着泳池里的玩具一样，而它们的父亲就在附近慈祥地守候着。

也有父母双方合作一起照顾后代。但这种情况在动物界中至少跟雄性独自育幼的情况一样，十分稀少。这样的行为也出现在某些昆虫中，但不幸的是，其中的某些种类在清空房间（驱散一屋子人）方面，似乎有着特别的天赋。我在密歇根大学生物站（University of Michigan Biological Station）进行我的博士课题研究时，阿尔弗雷德·H. 斯托卡德（Alfred H. Stockard）湖边的前沿实验室接近完工。那是个非常棒的建筑，为研究当地各种各样的动植物（从藻类到啄木鸟）配备了完善的设施。我非常幸运能在第二楼层拥有自己的房间，房间内有各种记录用的仪器，以及我饲养的蟋蟀。大部分的时间我要么在显微镜前观察我的研究对象，要么与学生和其他研究人员聊天，日子过得非常惬意。有时我们会看见戴维·斯隆·威尔逊（David Sloan Wilson）或他的助理拎着个白色的桶向研究站的方向走来，而那时我们便都会自觉地一哄而散。因为，这位多才多艺的演化生物学家此时正在研究埋葬甲（burying beetles），那个气味简直能把墙上的涂料都熏得剥落下来。

从名字就能猜到，埋葬甲通过气味定位动物尸体。如果是一只雄虫先找到尸体，他就会发出化学讯号吸引雌虫到来。这对埋葬甲会把尸体变成养育它们后代的温床。首先，它们会去掉尸体上的任何羽毛或毛发，然后把尸体处理成一个球状。此时埋葬甲会分泌出一些特殊的分泌物防止霉菌生长（但我们遗憾地发现，这并不能去掉尸体上的恶臭）。接着，它们在尸体下方挖土，让尸体能渐渐沉入土中。等到这个腐肉球完全埋到地下时，这两只埋葬甲便进行交配，而后雌虫把卵产在这个腐肉球周围的土壤里。幼虫孵化后，便会摆动身体，挥动着小爪子向父母乞食。父母有时会从腐肉球上咬下小块腐肉，就像切下一块块烤肉喂给自己的孩子一样，而其他一些时候，它们会喂给后代反刍的半消化食物。

看起来这种生活方式非常值得推崇（食物供给稳定又有营养，腐肉埋在地下，能保证不受捕食者的干扰），但埋葬甲同样面临着一个难题：怎么才能找到合适的尸体呢？再说了，找到合适的尸体之后，还要提防其他竞争者的抢夺。即使是户外爱好者都很少能碰到动物尸体，何况这些甲虫要求尸体足够小而且足够新鲜，才能用于繁殖后代。虽然埋葬甲触角上的嗅觉感受器十分灵敏，能探测到几英里外的尸体传来的气味，但即便如此，寻找尸体仍然不是件容易的事。新鲜的尸体是非常受欢迎的。如果一只埋葬甲遇到一具被其他埋葬甲占领的尸体，一场恶战就难免了。雌雄虫都会加入战斗，保护它们的财产，如果雄虫此时恰好不在尸体周围，那么入侵的雄虫就会趁机杀死它的后代并与雌虫交配。雌性入侵者抢夺食物的成功率就没有那么高了。通常如果雌雄双方都在，它们就能赶跑入侵者，保住自己的财产。在这种昆虫中，雌雄双方共同防御的优势，被认为是这一昆虫类群中雌雄性共同育幼行为得以演化的原因。如果发现的尸体够大，多只雌性也许会被允许留下来产卵，不过通常其中的一只会占据主导地位。

也许是因为寻找尸体太过困难，有一种埋葬甲干脆放弃了“大自然的殡仪员”的职位，它们不吃鸟和哺乳动物的腐肉了。但是，这种埋葬甲的代替品依然能令人倒吸一口凉气。这既不是活着的昆虫，也不是其他任何植物。这种埋葬甲常常在蛇的巢穴中被发现，没错，它们吃蛇蛋，并且用蛇蛋来喂养自己的后代！它们不需要把蛇蛋埋入土中，因为蛇已经帮它们把这一步给完成并离开现场了。因此，这种埋葬甲便不用面对愤怒的雌蛇了。在我看来，这虽然看似方便，却不是最明智的选择——赶快想想，你觉得在森林中定位一只死老鼠容易呢？还是一枚蛇蛋？——不过，这种埋葬甲也许找到了一种其他竞争物种难以利用的资源，而这种食物上的特化使它们保有优势。

幸福的家庭?

我有一本漫画《六个少妇》，上面描述了两只长相普通的昆虫坐在扶手椅上，其中的一只明显胖一些，看起来略有些内疚；另一只在旁边安慰它说："玛丽莲（Marilyn），吃掉自己的孩子很正常的，特别是看到它们在房子里这样跑来跑去的——有时候你就会把持不住。"

确实，雌性昆虫有时会吃掉自己的后代，但并不是因为孩子太烦人了。杀婴行为和同类相食从另一个角度说明了当育幼行为只有在保证了父母利益的前提下，才是值得的。如果此刻对后代的投入意味着将来失去更多繁殖的机会，自然选择便会将这种策略淘汰掉。不过，如果周边的环境在后代出生时是一种情况，而在后代稍微长大了一点后却有了显著改变，那么问题就来了。因为昆虫的生命大多短暂，时常会利用转瞬即逝的食物来源和躲避处所；而同时，与某些哺乳动物不同的是，昆虫能在短期内轻易重新产下一窝卵。因此对它们来说，在某些情况下，重新开始会比投入大量时间照顾已有的后代更具优势。因此，要研究在何种情况下会出现杀婴行为，昆虫是绝佳的研究对象。

假设某只雌性甲虫在环境适宜、食物充足时产下一窝卵，对她来说，利益最大化的策略是把尽可能多的脂肪储备转化为卵，因为这些脂肪储备可以轻易通过身边的食物补充。如果她再待在植物上保护这些卵免受天敌侵袭的话，这些卵的成活率便会相应提高。但天有不测之风云，食物供应突然枯竭了——也许园丁不再给寄主植物浇水了，或者一场寒流让她没法自由活动和取食了。这时她该怎么办？如果她能识字，她真该看看霍普·克鲁格（Hope Klug）和迈克尔·伯索（Michael Bonsall）写的一篇非常有见地的文章。文章的标题简洁有力——《该照顾、抛弃，还是吃掉你的孩子？》在这篇文章里，作者列出了许多不同处境下的最佳选择。在同类相食的物种中，父母通常能选择性地吃掉较弱的后代。其实，亲代吃掉自己产下的卵也属正常行为，因为有时这么做对它们随后的繁殖行为有好处。

这些原理在一类昆虫身上很好地体现了，它们有着形象的名字——猎蝽。这类昆虫通常颜色亮丽，埋伏在植被上捕捉路过的猎物。许多种类的猎蝽，亲代会守卫自己的后代。非洲的一种猎蝽比较特别，因为养育后代是雄性而并非通常的雌性。这种猎蝽的雄性会照顾多只雌性产下的卵块，就像在看管昆虫托儿所一样，这样它也保证了自己的交配机会不受影响。护卵的雄虫会吃掉一部分的卵，而这通常针对的是卵块边缘的部分。英国剑桥大学的丽萨·托马斯（Lisa Thomas）和安德里亚·马尼卡（Andrea Manica）发现一个有趣的现象，雄虫吃掉的卵，通常已经被一种小蜂寄生。因此，这些卵最终只会孵出小蜂，却孵不出小猎蝽了。不过，雄虫似乎并不能分辨卵有没有被寄生过；因为，即便在没有寄生蜂的实验室环境下，这些雄虫仍然会跟在野外时一样，吃掉卵块中相同位置的卵。自然选择也许会选择那些较少吃掉自己后代的雄性，因为它们能留下更多遗传了自己基因的后代。不过，父亲在护卵期间虽然不会外出捕食，但它们的体重并不会因此减轻。可见，卵是它们食物的重要来源。

杀婴行为与紧随其后的进食后代的行为，会时常在实验室动物中观察到。多年来，这种行为常被认为是病态的、不正常的，是动物被囚禁后人为影响下的假象。当这些行为发生在昆虫身上时，人们却不认为这与自己有关。这很可能是因为从昆虫的行为中我们很难直观地看到自身行为的影子。后来我们在像狮子这样的野生动物身上也发现了类似的行为，我们才了解到杀婴行为在某些情况下是对环境的一种适应。因为在生活艰难或者父母感到投入成本过高的时候，继续养育后代就变成了一场风险很高的赌博。（一些动物，包括狮子在内，虽然不会吃自己的同类，但有时也会表现出杀婴行为。虽然杀死的是其他个体的后代而非自己的，而且原因与上述的情况也有所差异，但根本上也同样是一种适应性的表现。）如果境遇越来越糟，狠下心，放弃自己的后代也许是最好的选择。

一些昆虫甚至能产下一些未受精卵，叫作营养性卵（trophic eggs）。有时候成虫会把这些卵吃掉，有时则将其作为留给后代的食物。尽管在有些情况下这种行为也许有其随机的一面，因为有些产下的卵之所以不会发育，只是因为自身有瑕疵；但在某些种类的昆虫中，这些营养性卵似乎已经演化成了一种食物来源。瓢虫生产营养性卵作为食物早已为人所熟知，尤其是猎物稀少的时候；而如果身边猎物充足，它产的营养性卵也会相应减少。饥饿的雌性瓢虫产下卵后会立即掉头把它吃了。这听起来总比饿得吃掉自己一条腿要好一些。通常营养性卵看起来跟其他正常发育的卵不太一样。雌性把身上的储备用于生产更多的卵，而非简单地试图生产更大的卵，也许是因为雌性个体已经无法往卵中添加更多的卵黄了。科学家们猜测，产生营养性卵可能比产生正常的卵成本要更低，但具体的成本差异还不得而知。生产营养性卵能防止较早孵化出来的幼虫攻击自己还在卵中的弟妹们。这样一来雌虫就能保住更多后代活到成年了。

昆虫不仅是研究同类相食的好材料，还很适合用来探索另外一种家庭生活的残酷现实：父母和子女间的斗争。在前面章节提到的，以高质量性比研究著称的生物学家鲍勃·特里弗斯，在 1974 年发表了一项非常有影响力的研究成果。他指出，虽然父母与子女间有一半的基因都相同，但它们的核心利益却不一定一样。试想一只雌性甲虫十二只后代，如果其他一切条件保持不变，自然选择会偏向这只雌虫把食物均等地分给它的后代。因为它的每只后代都遗传了它的基因，和它的亲缘关系都一样。但从每只后代本身的角度来说，它与自己的亲缘关系是 100%，而与兄弟姐妹间只有 50% 的亲缘关系。所以，为了要得到更多的照顾而不惜以牺牲自己的兄弟姐妹利益为代价的行为，也会被自然选择所推崇。因此，二者间在资源的分配上，存在着演化意义上的矛盾。特里弗斯把这种现象称为父母—子女斗争，如今发现这种现象在动物界十分普遍，甚至在植物中也有发现。特里弗斯的理论解释了育幼行为中许多看似矛盾的方面，包括之前提到的可怕的杀婴行为和兄弟残杀的行为。

在某种角度上，也许每个有兄弟姐妹的人或多或少都可以理解那种想杀了对方的冲动。父母—子女斗争理论说明了那样的冲动也许事出有因。但对瓢虫来说，同类相残却是最大的威胁。瓢虫身上鲜艳的警戒色说明它的体内富含有毒物质，而这导致它们的味道特别糟糕。鸟儿们肯定是不愿意吃瓢虫的，但那些有毒的化学物质并不影响瓢虫本身。所以，瓢虫最大的敌人就是自己的同类。仅需吃一颗卵，不管这是不是营养性卵，就足以让幼虫长得飞快。这让一些早出生的个体占尽了优势。对欧洲一种瓢虫的研究表明，没有吃弟妹们的幼虫有一半都没能活到成虫时期，而有同类相食的瓢虫则超过 80% 都顺利长大成虫。

越早被产下的卵意味着越早孵化，也意味着有机会以那些晚熟的卵为食。但这些卵在哪天孵化很大程度上都是母亲决定的，是她把这些卵产在同一个地方。这一事实让同类相食的行为显现出了更加阴森邪恶的一面：在很多时候这种行为是父母鼓励的，或者说至少父母没有尝试去阻止它们。

为什么父母能容忍这么让人震惊的行为呢？请再次试想，这些后代在父母眼中，它们并非自我独立的个体，而只是携带父母基因的载体而已。如果雌虫产下很多卵，而且这些卵全都孵化出来，但却没有足够的食物来喂养它们，最后全部饿死了，这对雌虫来说损失就太大了。另一种情况是，如果雌性只产下一小部分后代，有足够的食物喂养她的后代。充足的食物如果在理论上还能养活更多的后代，这对雌虫来说也是种损失，虽然没有前一种情况那么严重。如果她接着继续产卵，然后让后代自行筛选，它便能使自身的利益最大化，即雌虫最后能获得现有资源所能养育的最多的后代。所以如果雌虫依次在几天内产卵，让这些卵能在不同的时间里孵化，也就规避了潜在的风险。因为如果食物充足，结局自然是皆大欢喜；但如果食物紧缺，那些早孵化出来的个体通过进食同类，保证了至少雌虫的一部分后代能长大成年。

即便有些昆虫实际上并不会真的吃掉自己的兄弟姐妹，但为了竞争父母提供的有限资源而相互竞争，也能达到同样的效果：会哭的孩子有奶吃。鼓励这种竞争或者至少是睁一只眼闭一只眼，比父母尝试去阻止斗争并保证每个后代都能得到相等分量的食物，对父母来说更有利。事实上，真正的同类相食只发生在一些极端的情况下，因为毕竟兄弟姐妹间还有 50% 的亲缘关系，因此，彻底挤对自己的同胞对个体本身来说，也是有演化上的代价的。

在这里父母与后代的核心利益也存在分歧。没有哪只后代是自愿牺牲自己的，每个个体都想得到更多的食物和父母的关注。这种私心一直延伸，甚至可能还针对着自己的父母未来有可能生下的后代。从后代的角度，对其最有利的做法是在现阶段从父母身上榨取全部的利益，而不是让父母保存实力，为未来的后代着想。但对父母而言，把后代养育到能够自食其力，自己保护自己的程度就足够了，因为，为下一批后代储备能量，对它们来说最有利。按照特里弗斯的理论，正是以上的种种冲突，导致了哺乳动物断奶时幼崽暴躁的情绪；还有一些年幼的动物为何总是跟自己的兄弟姐妹们过不去，都希望从父母处得到尽可能多的资源。社会性昆虫，由于它们与兄弟姐妹间的亲缘关系和它们与父母或后代间的亲缘关系各有差异，因此这些昆虫特别倾向于此类的利益分歧。

要是这些听起来让你觉得类似的情况就发生在你自己或者你朋友的生活中，可以告诉你，这不是你一个人的想法。一位研究父母—子女冲突的前沿理论家 H. 查尔斯·J. 戈弗雷（H. Charles J.Godfray）曾指出："过分诠释这些行为显然是危险的（特别是当你在思考时试图带入自己的家庭经历）。"这个时候昆虫就派上用场了，我们很难把昆虫拟人化。比如，在老鼠尸体上的一群闪动着、蠕动着的幼虫，就比我能想到的任何其他年幼动物都难跟人扯上任何关系。尽管早期研究父母和子女间关系演化的学者多以鸟类为研究对象，现在越来越多的科学家们意识到，埋葬甲幼虫的乞食行为跟知更鸟巢中幼鸟的张嘴乞食实际上并无二致。而且，以昆虫作为研究对象的便捷性也是无可比拟的。

不是我的问题

与其面对吵闹不已还张嘴向你要食物的孩子们，有些后代需要照顾的昆虫父母便选择逃避责任。我们很早就知道杜鹃（cuckoos）、牛鹂（cowbirds），还有其他一些鸟类是巢寄生物种（brood parasites），雌性会将自己的蛋产在另一种鸟（寄主）的巢里。有的蚂蚁也会做同样的事情，利用其他种类的蚂蚁帮它们养育后代。它们中有的会把其他种类蚂蚁的卵带回巢中，而有的种类会潜入别种蚁巢，杀死蚁后并取而代之。

最近学者在鸟类和昆虫中发现另一种让别人来照顾自己孩子的方法。这种方法更加狡猾而且同样有效，我们称之为弃卵行为（egg dumping）；它的意思是说把卵产在同类的巢中。通常有弃卵行为的雌性同时也会照顾它的一部分卵，而产在别家巢中的卵如果顺利成长，便是锦上添花了。这也让雌性得以规避风险，就像我们不把鸡蛋都放在同一个篮子里的道理一样。在其他情况下，逃脱护幼行为的束缚，意味着母亲能一窝接着一窝地产卵，而不用花时间与精力照顾嗷嗷待哺的后代。

网蝽是一种生活在许多庭院植物上的昆虫，因前翅的翅脉突起如网纹而得名。这种昆虫面临着选择，如果选择保护自己的后代，那么它们就会因此失去更多繁殖的机会。道格·特拉美研究过不同种类网蝽的雌性育幼行为。他发现，雌性会把卵产在其他雌虫的卵块里，把自己的卵交给别的雌性照顾。它们会一直这么做，直到身边已经没有合适的目标为止。这个时候，雌性网蝽才开始照顾自己的卵。当然，这里面也许同样混有来自其他雌性的部分。

如果埋葬甲的腐肉球被另一对个体抢走了，它们也会采取偷偷产卵的策略。被打败的埋葬甲雌虫会待在动物尸体旁，一有机会就潜入它之前自己做的腐肉球（现在已经被别的雌虫夺走）旁大快朵颐，并偷偷产下一些卵。如果动物的尸体足够大，它甚至会被允许与现任拥有尸体的雌性一起在地下的巢室中抚育后代。

就像杀婴行为一样，弃卵行为也曾一度被认为是由于雌性不够聪明，不懂如何养育后代，而被生物学家归为异常行为。一位早期的研究者在鸭子身上发现了这种弃卵行为。他把这种行为叫作“粗心产卵”和“退步变质”。因为这种母亲狠心抛弃后代的行为太容易让人想到人类自己了，就如前面戈弗雷提到的一样。也许是因为没有人认为昆虫是聪明的，也不会认为自己跟一只在叶子上的昆虫有什么相似之处，这种偏见并没有妨碍科学家们对昆虫弃卵行为演化的研究。而这又一次说明，利用昆虫而非其他脊椎动物作为研究的模式物种，能更好地帮助我们了解行为本身。

你也许会觉得寄主挺可怜的，但其实不然。牛鹂或者杜鹃这些巢寄生鸟类会让寄主的后代难以存活，但昆虫的弃卵行为却有可能让双方都获益。捕食者一般不会吃掉整个卵块或者所有孵化的幼体，它们通常是这个地方吃几个卵，那个地方吃几个卵，或者是主要针对一些比较虚弱的幼虫。这种情况下，如果卵块越大，捕食者的选择越多，那这些卵成为那个不幸的受害者的概率就越小。比如一只胡蜂或蜘蛛在有十颗卵的卵块里随机取食一颗卵，那么作为个体，被吃掉的概率是十分之一；但如果卵块里有一百颗卵，那么概率便降为百分之一了。同时，看守一百颗卵与看守十颗卵相比，其实工作量并没有增加多少。北美有一种生活在一枝黄花叶上的角蝉，掺有其他雌性卵的卵块孵化率，比全是亲生的卵块孵化率要高 25%。

既然这种弃卵行为让大家都是赢家，那为什么在自然界中却没有变得比当前更加普遍呢？特拉美认为，弃卵的机会会受到巢大小的限制（假设卵必须产在一个特定的地方，例如在茎上，总有一刻产卵的地方会不够用），也可能与雌性的产卵能力，或是雌虫产卵的同步性有关。如果周围的雌虫的卵都快孵出来了，你才把卵产在别人窝里，这对你一点好处都没有。最后，父母给予的照顾，比如护卵行为，投入的精力已经达到极限，因此盲目扩大卵块的规模对双方来说也都得不偿失。

兄弟姐妹齐心协力

即便是竞争最激烈的兄弟姐妹，如果合作是唯一的出路，它们也别无选择。这里有一个人人为我，我为人人的古怪例子。在美国的东南部，有一种生活在沙丘里不能飞的芫菁（blister beetles）。芫菁成虫取食一种名叫紫云英的植物；但芫菁的幼虫在这种植物上并不能存活，它们必须潜入一种同样在这片沙漠生活的独居型蜜蜂的巢中。那么这些跟罂粟籽差不多大小的幼虫，要怎样才能穿过炙热的沙漠，到达几英里外的蜂巢呢？

答案准会让你大吃一惊。这种芫菁孵化之后，便会立即爬到紫云英茎的顶部。在那里，它们和其他的芫菁幼虫抱成团，从

120只到2000只不等，簇拥在一起。从整体上看，这一团幼虫与寄主的雌蜂倒也有几分相似。而后，这些成团的幼虫会释放一种化学物质模仿蜜蜂的性信息素，吸引寻找浪漫的雄蜂前来。当一只雄蜂降落并试图与虫团交配时，一些幼虫便趁机跳到它的背上，与它们的兄弟姐妹们就此告别。这只倒霉的雄蜂发现终于找到雌蜂如愿以偿时，芫菁幼虫便从雄蜂身上转移到雌蜂身上。雌蜂在交配后归巢，但在带回精子的同时，也把这些小乘客带回了巢中。一旦进入蜂巢，芫菁幼虫便离开雌蜂，并开始以雌蜂给自己后代准备的花粉和花蜜为食。最后，芫菁成虫从蜂巢中羽化，重新开始这一难以置信的循环。

这种奇怪的生活史从何而来？为什么只有甲虫拥有类似的生活史呢？当然，我们并没有肯定的答案。但昆虫物种的多样性本身，已经为特化提供了大量的演化原材料。大部分走这条路的昆虫也许早已灭绝，只有少部分，像是这种芫菁，保留了下来。

上述的这种现象涉及了许多有趣的问题，从家庭关系的角度看，这就像许多哲学家们热衷的问题一样难解。所有的芫菁幼虫都必须团结起来，释放足够的化学物质模仿雌蜂，但一只雄蜂只能带走其中的一部分幼虫。当然，剩下的幼虫可以重新再试。但随着芫菁幼虫数量越来越少，模仿变得越来越不逼真，联盟也变得越发不稳定，剩下的幼虫只好祈祷有更多成员能加入，并争取下次雄蜂到来时能争取到离开的机会。到底什么时候，幼虫会打破表面上的和谐，拒绝继续合作，而纯粹为自己的利益独自行动？好莱坞，你可看好了！在我看来，以这种现象为题材的电影，比那些所谓的破碎家庭在感恩节重聚的桥段有趣多了。

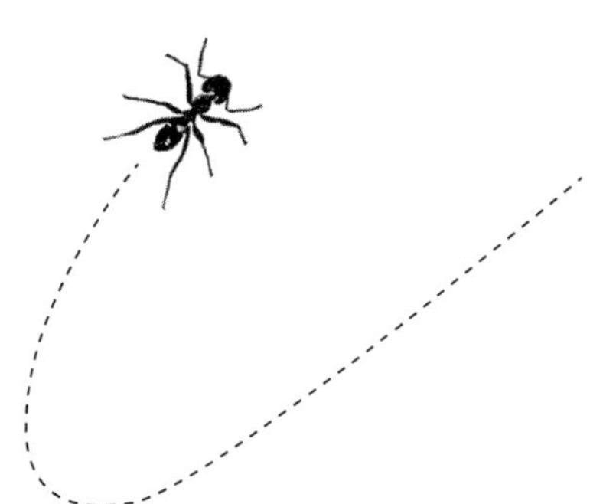

第八章　野餐海盗

今天，我们已证实并接受这个事实：毫无异议的，蚂蚁是地球上最高贵、最无畏、最仁慈、最奉献、最慷慨、最利他的生物。

——莫里斯·梅特林克（Maurice Maeterlinck），1930

如果蚂蚁也有核武器，他们很可能在一周之内毁灭世界。

——贝尔特·荷尔多布勒（Bert Hölldobler）和 E.O. 威尔逊，1994

蚂蚁比其他任何一种昆虫更能产生各种情绪反应，与橱柜中匆匆爬过的蟑螂和在花朵上翩翩起舞的蝴蝶相比，完全不能相提并论。正如以上两个例子，蚂蚁可以是和谐与美德的典范，也可以是嗜血暴力的象征。在反映我们的社会形态方面，蜜蜂和蚂蚁的社会都有人类社会的影子。但我们从来只见蜜蜂单独在花朵间飞来飞去，却不曾见到它们成群出没，而且蜂巢的内部运作，也是我们大多数人看不到的。然而，蚁群会如一条闪亮的黑色绶带般地横穿我们的公路；会沿着杂物架的边缘，耀武扬威地扫荡我们家中的食物碎屑，然后从大门扬长而去。如果稍微多花些精力，我们便有可能看到蚂蚁搬运幼体的情景；而除了养蜂人（还有昆虫学家）之外，人们很少有机会接触到蜜蜂的家族生活。除此以外，蚂蚁并不会飞，这意味着辨认它们也显得更容易些。

根据梅特林克上面的说法，蚂蚁也像其他的社会性昆虫一样，似乎会毫不犹豫地分享食物，也会不知疲倦地为了巢群而辛劳工作。梅特林克是比利时的剧作家和诗人，曾荣获 1911 年的诺贝尔文学奖。他尤其着迷于两只蚂蚁互相饲喂小滴食物的“交哺现象”（trophallaxis），而这种行为在绝大多数非社会性昆虫当中并不存在。出于某些不甚明了的原因（至少我是这样认为的），梅特林克似乎相信这种行为会为蚂蚁带来强烈的快感。当交哺的时候会引起近似于性高潮的感觉，工蚁们也许以这种方式弥补了性生活方面的匮乏。

当然，所罗门（Solomon）也曾告诫我们：“你这懒汉，向蚂蚁学习吧！像它一样思考，学得聪明些吧！”正如历史学家夏洛特·斯莱（Charlotte Sleigh）在她有趣的《蚂蚁》一书中写道：“蚂蚁的勤劳、节俭、互助等所谓的‘美德’，早已为人传诵。”

蚂蚁辛勤劳作，储备食物以度过严冬；与此相反，蚱蜢自鸣得意，却把时间浪费在了夸夸其谈上（出自伊索寓言《蚱蜢与蚂蚁》）。相当一部分人可能会同情懒散、享乐的蚱蜢而非蚂蚁，但这个故事的主旨是再明白不过了：天道酬勤。维多利亚时代的人们似乎特别喜欢理想化蚂蚁的高尚品质，并强调蚂蚁巢中的家庭生活质朴宜人的一面。

不过，就算在业余观察者的眼中，蚂蚁黑暗的一面也是显而易见的。从古至今，博物学家们多次记录了蚂蚁间战争的场面：这些明刀明枪的战争在不同颜色的蚂蚁之间爆发，能持续好几个小时。行军蚁（army ants）就因它们的激进暴躁而闻名。另外，像斯莱所说："蚂蚁间的征战因为广为人知，因此在人类斗争的年代，蚂蚁被赋予了某种特别的地位。"除此之外，某些蚂蚁表现出了与人类奴隶制惊人相似的社会行为：一种蚂蚁会袭击其他种类蚂蚁的蚁巢，掳走幼年工蚁并带回巢穴饲养，让它们羽化后在自己的巢中工作终生。达尔文在《物种起源》中对这种行为做了部分的描述。他面对这类"奴役本能的绝佳实例"，陷入了沉思。伯特兰·罗素（Bertrand Russell）认为，尽管家族内部也经常上演大屠杀，但"蚂蚁和野蛮人都会将外族置于死地"。紧随其后的是所谓的"杀人蜂"。媒体总喜欢大肆宣传"愤怒蜂群袭击倒霉路人”的事件。媒体对这类猎奇事件的兴趣显而易见（尽管真正遭遇袭击的人数与受伤人数常有夸大之嫌），而人们随时准备把这种愤怒与杀戮的欲望，归咎于这些蜂群。

人们还常常用各种新奇的方法将昆虫与敌意联系起来。得克萨斯州的休斯敦有支已解散的乐队，叫作“昆虫战争”。该乐队的专辑《世界末日》现在由名字绝妙的耳痛唱片公司重新发行。该专辑世界末日主题的封面上，一群巨型蟑螂或者蟋蟀之类的东西（我个人感觉有种冒犯之嫌）正在逃离一座上空被骷髅笼罩的城市废墟。画面中一个人也没有。

那么，真实情况到底是怎样的呢？蚂蚁战争以及掳劫奴隶的袭击是否意味着蚂蚁或者其他社会性昆虫都特别具有侵略性，而因此可以说好战的特质普遍存在于动物界？梅特林克所盛赞的奉献与自我牺牲，在蚁群内部是否盛行？通过更细致地观察，我们发现罪恶只是隐藏得更深罢了。虽然不全充斥着屠杀，但与之相比却更加致命。

巾帼之师

在我的孩提时代，曾有一段时间我会告诉别人，自己长大后想成为一名蚁类学家（myrmecologist）。尽管我确实花了些时间观察自家后院的蚂蚁和一些别的昆虫。但我这样做，更多是出于知道这个词是指研究蚂蚁的人士而自鸣得意的心理，却非出于任何真正的职业动机。尽管如此，在小学三四年级的一次分享读书心得的作业中，我还是选了一本与蚂蚁有关的书，并就它们的神奇行为发表了长篇大论。我在作业中宣称，蚂蚁会在巢中种植菌圃作为食物来源。它们会把蜜露储存在极度膨胀的腹部里，需要时一滴一滴地喂给其他工蚁。不仅如此，我还兴高采烈地告诉我在那个时候大概已经对此感到无聊甚至是焦躁的小伙伴们，行军蚁还会成群结队扫荡丛林中的村落，它们会吞噬一切生物，并将其撕成碎片。牛、猪、鸡、人，在前行蚁群的锋利的上颚面前，均不能幸免。若有人在行军蚁迫近之际未能及时脱身，唯一的自救方法便是用盛有煤油的碟子垫起床柱，一头钻进被窝，然后祈祷蚁群不要爬上天花板，从天而降。其实，我当时不太确定煤油是什么东西，所以我在解释这一紧张关头的时候还显得略有些底气不足。但我确信，如果住在一个行军蚁横行的地区，我就能够接触到煤油了。

我的老师终于出面了。当然，她轻声细语地告诉我："你说得太夸张了。蚂蚁是不会造成这么大的破坏的。它们也许会袭击附近的动物，也可能在一两座小屋里面驻扎；但这种程度的破坏与屠杀对于这样一种细小的动物来说，似乎有点夸张过头了。”

而我则坚持己见。我坚称：“不是这样的。书上说（而我对此深信不疑）行军蚁可以在几分钟内把人咬得粉碎。它们的目标才不是随便的一两只母鸡，而是整个村庄。”我真心不记得我们之间的分歧是否解决了，或者是怎么解决的，也忘了我那份读书笔记是否因为老师的怀疑而遭到扣分。但我依然坚信，人们还不能充分认识到蚂蚁的奇妙之处，也许是因为他们不愿意相信蚂蚁拥有成就许多非凡壮举的能力。

行军蚁尤其能吸引高端人士的眼球。19世纪末到20世纪初，威廉·莫顿·惠勒（William Morton Wheeler）和西奥多·史耐纳（Theodore Schneirla）等传奇的科学家曾对这种生物做出过详细描述；后者1934年在威望极高的《美国国家科学院院刊》刊登了一篇题为《行军蚁的扫荡与其他行为》的论文。有趣的是，这篇论文是发表在期刊的“心理学”板块，仿佛研究成果比起动物学，与思维运作的方式关系更紧密似的。惠勒指出，行军蚁“有着贪婪的食肉欲与对常年迁徙的渴望，而它们的队伍里，也夹杂着种类众多的蚁客”。荷尔多布勒和威尔逊则把行军蚁称作“热带丛林中势不可当，超级个体般的凶残收割者”。

行军蚁在世界多处均有分布，其中包括美国南部及西部；但要说研究最深入的，还是热带美洲的种类。行军蚁没有固定的巢址，取而代之，他们会在驻扎处形成将近一码[1]宽的足球状的蚁团，当中工蚁将蚁后和幼蚁团团围住。而根据蚂蚁种类的不同，组成蚁团的蚂蚁数量从一万只到七万只不等。

荷尔多布勒和威尔逊估计，驻扎处的蚁团大约有“整整一公斤的蚂蚁肉”。蚂蚁彼此间的肢体与上颚相连，以此方式构筑它们的庇护所。这个凶猛却精巧的网状物由许多层层叠叠的棕褐色个体组成。在破晓之后，蚁团开始涌动解体，蚂蚁开始朝多个方向列队前进。

这些队列中夹杂着几种外形与大小各异的行军蚁工蚁。当然，尽管我总有持怀疑态度的学生，但这些工蚁的确清一色都是雌性。其中，小型和中型的工蚁在蚁路中部边走边留下气味轨迹，而大型的兵蚁则张着弯刀状的强健上颚，在蚁路的两旁站岗警戒。工蚁的大小与北美许多蚂蚁不相上下，大概只有一粒米大小的长度，而兵蚁却有它们的三倍大，能长到一颗四季豆的大

1　1码等于0.9144米。

小。这些向前涌动的蚁流并无领导者；每只个体都在蚁群的边缘来回奔波，当遇到猎物时便改变方向。

正如我小时候在书上看到的那样，行军蚁以及它们在非洲的矛蚁（driver ants）亲戚当遇到动物挡道的时候都绝不会心慈手软。不过，通常人类和诸如鸟类、松鼠等脊椎动物一般都能及时避开前进的蚂蚁大军，除非它们因为受伤或是其他一些原因无法回避。而这也印证了我老师的部分怀疑。但话说回来，蚂蚁绝对能够以压倒性优势制伏一个失去行动能力的人。而昆虫、蜘蛛及其他无脊椎动物在蚂蚁大军跃跃欲试的锋利上颚面前，就没有那么容易全身而退了。上百只蚂蚁会把上颚深深扎进猎物体内；它们的咬合力惊人，因此，如果这时试图把蚂蚁移除，它的上颚仍会深深嵌在受害者的肉体里。有趣的是，因为矛蚁强劲的咬合力，非洲的马赛族人（Masai）会把它们用来作为伤口的缝合线使用。马赛族人会设法让蚂蚁的上颚横跨伤口两侧，待咬合后就算去掉蚂蚁的身体，伤口仍能保持闭合。(曾经有人问我，人们用蚂蚁的上颚达到目的后，又是如何将其移除的呢？我不知道答案，但我想，这个过程也许会让扯下止血贴时的那一声“嗷”相形见绌。)行军蚁会把小型动物保留全尸运走，而像是捕鸟蛛、蚱蜢，或偶尔出现的倒霉鼠类，则会被高效地撕成让中型工蚁可以搬运的肉块。

如同许多武器一样，兵蚁令人望而生畏的上颚其实并不适合实用型的任务。所以，拖动食物的工作还得交由身形更为平凡的小型工蚁完成。有时这些个体会齐心协力搬运猎物，他们能娴熟地在个体间平衡猎物的重量，因此能动用最少的个体去完成搬运工作。史耐纳报告称，整个操作过程伴随着成千上万只蚂蚁细小的外骨骼与林地上枯叶碰撞而发出的沙沙声响。而在荷尔多布勒和威尔逊看来，这声响“冲击着观察者的双耳，直到观察者领略到其中独特的真谛。那简直就是无数受害者集体的濒死哀号”。

博物学家与作家威廉・毕比（William Beebe）曾在他位于圭亚那实验室外的小屋内观察到了一群行军蚁暂时性扎营的场景。他被眼前的景象惊呆了，并决定观察它们安营扎寨的过程。他首先注意到了蚁群的气味，按照他的描述，“有时气味难以察觉，但有时却能闻到一阵一阵的强烈气味。气味有股霉变的味道，像是正开始霉变的甜食；这种气味没有令人不快，但却非常难以形容。”他的沉思被打断了，因为“十几只蚂蚁不一会儿就顺着我的鞋子爬上身来，而且它们都像事先商量好了一样，不约而同地把上颚嵌进我的肉里”。毕比赶紧抄起一把椅子，跑进小屋，按照传统的方法，把椅子的四脚放入装有清洁剂的容器内；他紧接着跳上椅子，把一袋设备挂在椅背，整个人蜷缩在椅子上。“上下川流不息的蚁路与我的脸近在咫尺，而我的上方不远处则有成百上千只行军蚁，足足有一大桶的数量，而支撑整个结构的，仅靠它们纤细的足部互相联结成缆索。我花了一些时间才适应了状况，而从始至终我一直没有完全放下警惕，不知道万一椅子断了一条腿或者有根竹子砸到屋顶上的话，将会发生什么事情。”

蚁群在外出扫荡与安营扎寨间反复不已，可以延续数月时间。史耐纳所研究的中美洲行军蚁有时会在每天傍晚构筑一个新的营地，有时又会安顿在一处长达数周时间。由于行军蚁缺乏永久性巢址，所以它们的繁殖方式也与许多蚂蚁不同。在其他蚁种当中，蚁巢会释放有翅膀的雄性与雌性繁殖蚁，而这些繁殖蚁会在一场集体婚飞中交配，而新交配过的雌性将独自承担起建立新巢群的任务。与此相反，虽然行军蚁群一年内能多次产生雌雄繁殖蚁，但其中只有雄蚁能够飞行，至少对于人们研究得最深入的行军蚁种类而言，这点是成立的。这些雄蚁会试图混入其他群落的营地。而在下一次外出扫荡时，一部分工蚁会跟随旧蚁后迁移到新的巢址，而某只处女蚁后则会在另一部分工蚁的包围护送下，与旧蚁后就此分家。新蚁后会在新的落脚点与前来的一只雄蚁交配。某些种类的行军蚁会相继与若干雄蚁交配，某些行军蚁的交配对象则很专一。与蜜蜂的雄蜂以及许多其他社会性昆虫中的雄性命运相同的是，雄性行军蚁在交配后随即死去——假设它们真能获得交配机会的话。而剩余少量雌性繁殖蚁，虽然也有少量工蚁陪伴，但已经难以改变被遗弃的命运。跟随它们的工蚁不会狩猎，最终它们会全部饿死，而它们留下的空缺将由其母亲及姐妹们填补。

行军蚁的蚁后有着规律的繁殖周期，这一点十分引人注目。她们并不会日复一日地产卵，相反，仅当群落在某地长期驻扎时，蚁后的卵巢才会发育。这时，蚁后的腹部会膨胀变形，然后一举产下多达三万颗的虫卵，以迅速地补偿此前损失的产卵时间。当它产下的卵孵化出新一代的工蚁时，它们似乎能提升整个蚁群的活力水平；在短暂休整后，整个蚁群重新进入迁徙期。随着蚁后产卵期的结束，它也在拥有锐利上颚女儿们的严密护送下，踏上向下一个巢址进发的征程。

“行军蚁”并非一个严格意义上的单一科学名称。这个名称泛指整个巢群具有迁徙习性，并拥有高度协调的扫荡式游猎的蚂蚁种类。狩猎过程包括了数量众多个体参与的扫荡，以及把猎物搬运回巢两部分。有时候，人们会使用诸如“军团蚁（legionary ants）”或者“矛蚁”等名词，但实际上所有报道过它们的人都会用最富侵略性的字眼来形容其行为。荷尔多布勒和威尔逊在他们的不朽著作《蚂蚁》当中承认，“其实矛蚁并不像人们普遍认为的那样恐怖”。他们把该章节的大部分篇幅都用于描述行军蚁嗜血行为的细节，就像毕比以及其他注重细节的博物学家一样。梅特林克虽然总体上对蚂蚁所展现出的各种社会公德充满热情，尤其热衷于它们分享食物的癖好；但即使是他，也不禁忧伤地写道：“就算在蚂蚁包容、共享的社会里，战争也是不可避免的：尽管这些战争没有人们所认为的那样频繁、残忍。”他也看到了——或是他自认为看到了——一面反映人类弱点的完美镜子：“我们已知的任何一种战争形式都能在蚂蚁的世界里发现。公开冲突，压倒性进攻，战时总动员，出其不意的伏击，秘密渗透，不共戴天的灭族战争，零星的战役，像我们般聪明的包围封锁，令人叹为观止的防御战，孤注一掷的突围，手足无措的撤退，战略性撤军，偶尔还会罕见地出现盟友间的争端，不一而足。”

在种种军事比喻间，值得我们退一步思考的，是行军蚁本身真正的目标。我们或许应该用一系列更加谦卑的字眼来形容梅特林克所详细描述的各式各样的战争行为：上杂货店购物，在花园里摘菜，或者在河里钓鱼。蚂蚁是一支所向无敌的部队。他们是捕食者，而捕猎不同于发动战争，前者旨在获得食物。我们似乎喜欢把狩猎活物与富于侵略性相联系，而且似乎特别喜欢将其与男子汉气概联系到一起。人们把老鹰、狮子等肉食性动物描绘得凶猛无比，如果把这种勇武置于蚂蚁身上的话，捕猎的蚱蜢与大象在大小上也就有几分相似了。不过事实是，狩猎这项专业技能与人们常说的相比，在自然界中更加普遍存在，却少了几分迷人之处。我们倾向于把捕食者想成经过一番英勇搏斗以后征服了大型温血猎物的动物，但我们没有理由先入为主地忽略掉那些捕杀个体更小的对象的动物；比如一只在蔷薇丛中捕食蚜虫的瓢虫，或是一只从树叶上叼走尺蠖的山雀。有些生物学家把“猎物”定义成任何整块的食物，以此与旷野中绵延的草地相对应，并把诸如以种子为食的更格卢鼠（kangaroo rats）等动物看作“种子捕食者”。即使有些人觉得这听起来有点离谱，但难道咬死一条毛虫跟咬死一只鼬鼠（weasel）不是同样残忍吗？比起一只把喙啄向甲虫的鸣禽，难道一只俯冲捕鼠的鹰就一定显得更加具有攻击性吗？

的确，无论对于人类还是其他动物而言，狩猎都是危险的；

而且面对体型大于自己或者拥有尖齿利爪的猎物很需要勇气。由于狩猎要求具备勇气，所以在某些文化里面，人们以此测试男子汉气概。但这些一概不能用于蚂蚁身上。当然，这是因为所有工蚁——即使是那些长有巨型利刃般上颚的个体——都是雌性；而且无论它们战胜多少只捕鸟蛛或者巨蟒，都不会从巢群中获得更多的赞誉。比起将硕大种子拖回巢中，名字更加温和的收获蚁，行军蚁的纯肉食性并不能因此证明它们就比前者更加凶狠邪恶。

以往人们普遍将蚂蚁社会的和谐性加以理想化，或许针对行军蚁战争行为和侵略性的强调能够为此提供一个极好的反面例子。毕竟，所罗门只是想让我们以蚂蚁的勤劳奉献为榜样罢了；他并没有想让我们效仿它们暴力的一面。斯莱探讨了由至今仍活跃的基督教知识普及协会在1851年刊印的《自然历史及动物道德》一书。书中提到，蚂蚁被当作谨慎和勤劳的模范，并奉劝人类向其学习。蚂蚁和蜜蜂的社会备受19世纪的自然神学家们所推崇，而它们齐心协力的利他行为也一度被援助贫困者的社会慈善机构视为榜样。后来，社会主义者还宣称，蚂蚁是均富的榜样，不过这说明他们肯定没有太仔细地观察过大腹便便的蚁后了。

正如我儿时对蚁类学家这一职业的向往，我对蚂蚁世界的种种斗争并没有任何免疫力。不过在所有针对蚂蚁的象征主义（symbolism），以及对其侵略性的关注当中，人们都很容易将其视作缩小版的战士，而非事实上技巧娴熟的捕食者。这种做法也许会造成认识上的偏差，从而过度把蚂蚁拟人化。行军蚁真正的有趣之处，并不在于它们的战斗策略是"像我们般聪明的包围封锁的策略"还是"零星的战役"，而在于一只处女蚁后遭到群落其余成员孤立、隔绝的过程和原因。（她是更年长抑或更年幼？或者若干蚁后中仅有一只能够存活，而选择纯属随机？这些我们都不得而知。）我们知道行军蚁巢群内部的"时钟"调控着蚁群迁徙与定居的节律。鉴于已有研究表明，这些蚂蚁的行为并非仅受饥饿的影响。白昼长度或许能为此提供最接近真相的线索。与此同时，巢群规模在其中也有一定的影响。它们的有趣之处还在于，非洲和南美的这些大型巢群，与生活在得克萨斯或者阿拉巴马的不起眼的行军蚁相比，究竟有着怎样的不同。

行军蚁甚至还有更现实的功用，而它对人类而言很可能是有用的。来自亚利桑那州立大学（Arizona State University）的阿德里安·史密斯（Adrian Smith）和凯文·海特（Kevin Haight）

指出，由于其他蚂蚁群落会在行军蚁迫近之际带着幼体，包括蚁后在内举家逃离，故研究者们试图利用这一趋避行为，让蚂蚁的采集更加方便。阿德里安·史密斯和凯文·海特赞成的——而在我看来，有那么一点冷血的——是建议科学家朋友们用一小批行军蚁，把目标蚁种从地下巢室中赶出来，就跟利用小猎犬把兔子赶出洞窟是同一个道理，以省下耗时又费劲的巢穴挖掘工作。两人的论文里面甚至附有演示视频的链接，视频以一种怪异的广告风格恰如其分地展现了这项技术的绝妙高效之处。这听起来像是个好主意，但不知何故，“小猎犬蚁”这个词似乎支持者寥寥无几。

收养敌人

如果行军蚁更像为家庭粮仓囤积食物的猎人，而非证明自身勇武的高贵战士，那么达尔文提到的蓄奴蚁（slavemaking ants）“美妙的”本能，又该如何解释？这些蚂蚁发起的战争或者劫掠与取食无关，至少并非直接相关。一个蓄奴蚁巢群的诞生标志是：一只已受精的蚁后飞到另外某种蚂蚁的巢穴当中，然后杀死或驱逐一至数只原居的蚁后，并开始产卵。其后代会由寄主养育，寄主巢中的工蚁会接纳入侵的蚁种，并把它们看作自己的同类一般。为了补充寄主的工蚁数量，蓄奴蚁还会定期派出远征队劫掠其他寄主蚁群的幼虫和蛹，将其带回巢中为自己所用。在已知的一万一千种蚂蚁当中，拥有蓄奴行为的只有大约五十种。它们有些还能够靠自己过活，而其他种类已经高度特化，若没有俘虏们的帮助，它们甚至不能自己进食。

尽管蓄奴蚁比较罕见，但它们还是引起了人类的极大关注。夏洛特·斯莱记录下了19世纪的观察者们对于蓄奴蚁的痴迷，其中的很多比喻都明显试图与当时盛行的黑奴贸易进行类比。也许令人惊奇的是，许多博物学家和作家谴责蓄奴蚁并非因为它们蓄奴行为本身，而是因为这些蚂蚁自身的“堕落”。在梅特林克的一篇散文中，谈及关于蓄奴蚁“若无蚁奴帮助便无法进食，因为除了从这些仆人的口中取食，它们再也不懂得用其他方法获取任何营养。它们无力养育自己的后代，也不会修筑与修缮巢穴。它们终日躲在巢穴深处，浑浑噩噩，无所事事，仅在保养自己的坚甲或者劳烦蚁奴们喂上一口蜜露时，才会打起精神。没有了这群仆人，这些身披青铜色盔甲的伟岸战士，这支密密麻麻的宏伟之师，这帮身经百战、所向披靡的战场老兵，就如同尚未断乳的婴儿一般，完全地无能无助”。梅特林克的这篇文章实在是自以为是的典范。在 1954 年出版的著作《蚂蚁之路》当中，约翰·克朗普顿（John Crompton）也表现出了相似的苛求：“即使蚁奴不抛弃它们，精神与肉体上的委靡也一定会使它们走向绝路。必定有许多蓄奴蚁就是因此而灭绝的。”

尽管梅特林克的言辞有过分造作之嫌，但他在科学性上还是准确的，至少就专性（obligate）蓄奴蚁而言是这样。在 19 世纪早期，伟大的昆虫学家皮埃尔·休伯（Pierre Huber）在一种类似蚂蚁农场的人工蚁巢中，放置了一群蓄奴蚁。同时，他还在提供了食用的蜜露，以及同种蚂蚁的蛹和幼虫。仅在几天之内，这些蚂蚁已半数死亡，而余者也在饥饿的边缘垂死挣扎。

劫掠行为本身能给目击者留下相当深刻的印象。蓄奴蚁会夺走幼虫，而通常被抢的一方都会企图把巢中苍白无助的幼虫和蛹暂时藏在别处，但蓄奴蚁紧随其后，一切的努力似乎都没有效果。劫掠似乎仅限于一年中的某些时间发生。就这点而言，在被研究过的蓄奴蚁中，起码有一部分会利用来自巢穴内部的线索来决定何时出动。蚂蚁的蓄奴行为仅在世界温带地区发现，科学家则认为，热带地区季节更替的缺乏能解释为何该地区劫掠行为的缺失，因而也解释了该区为何缺少蓄奴蚁种。这是因为，环境不能提供足够的信息，来帮助蓄奴蚁种判断何时出击才能从寄主巢中绑架所需数量的蚁蛹。也有某些种类的蚂蚁会在白昼当中的某些时间段发动袭击。来自俄亥俄州立大学（Ohio State University）的科学家琼·赫伯斯（Joan Herbers），是蓄奴蚁研究方面的权威。她说，当她还在科罗拉多州立大学（Colorado State University）的时候，她的学生十分清楚何时出发才能正好赶上劫掠行为上演："杰里米（Jeremy，译注：赫伯斯的学生）会在上午 10 点前后，在科罗拉多的丘陵地带开始工作，并知道野外工作能在下午 3 到 4 点便能收场。"而其他种类则没有那么容易捉摸："我们在实验室里开展了许多实验。它们会在某些日子里面发动劫掠，而在其他日子却无所作为。某些日子里，它们的劫掠会十分彪悍，而有的时候，劫掠却会半途而废。有时，整个过程只需一小时；有时，却要耗上 6–8 小时。研究过程可以用'痛苦'来形容，就连造访我们实验室的好些记者也败兴而归。"

尽管身为研究蚂蚁的科学家，赫伯斯还是质疑起了蓄奴蚁（slave-maker ants）这一名字的明智性与精确性。在此观点上，他并非孤身一人；荷尔多布勒和威尔逊指出："按照传统观点，对于一个物种剥削另一物种的现象，人们会使用'奴役'

（slavery）概括。但在人类看来，这种行为不像奴役，倒像是人们强制驯化犬与牛等家畜的行为。”他们进而探讨了部分蚂蚁利用其他巢群的同种个体作为劳力的具体情况，但“奴役”一词的适用性无疑十分有限。有些昆虫学家会使用更有技术含量的术语“奴役现象”（dulosis）来指代这一过程，而不论这个过程发生在种内或是种间。不过，多数学术专著仍将这种行为称为“蓄奴行为（salve making）”。

赫伯斯不仅关注科学家们对“奴役”一词的使用，她还质疑该词的恰当性；鉴于其言外之意明显与某些人类活动有关。在公开课上，她也经常被问及蚂蚁与人类奴役行为间的平行关系，而她向来反对这种比较。赫伯斯总结说，因为这些暗喻和术语充满了感情色彩，如果我们彻底弃用的话，能省去很多麻烦。她还提出了“海盗蚁”（pirate ant）一词作为替代，因为人类的海盗也会劫掠船只，偷窃货物，还经常处死受害船只上的部分船员。科学家们在不提及那些充满感情色彩的术语的情况下，仍可以继续讨论劫掠、俘虏以及战利品，而与此同时避免触及社会大众敏感的神经。对于摒弃“奴役”一词使用在非人生物上的观点，我深表赞同；而之所以在此使用，是为了尊重原作者的措辞，以避免歪曲原意。

姑且不论该词背后的社会观念，然而，为其取蓄奴蚁之名，正如行军蚁的称谓一般，会引致另外一个问题，那就是会令大众对蚂蚁的行为产生误解。包括荷尔多布勒和威尔逊在内的多数生物学家的观点是，与其纠结于把这种行为归入动物驯化或是对迫使同类以外的生物强制劳动，倒不如将其归为一种寄生行为。换言之，所谓的蓄奴蚁其实像是能格外自由活动的绦虫（tapeworms）。如绦虫一般，蓄奴蚁（至少专性种类如此）完全靠别的生物，即寄主过活。绦虫的传播是被动的，比如通过一小口被污染的肉。与此相类似，蚂蚁也通过它们的六条腿，接近它们的寄主。至于一群工蚁亢奋地扛着寄主幼虫奔波不已，则仅是绦虫寄生于我们腹中的另一版本，只不过前者可见且更令人瞩目罢了。绦虫寄生在我们体内，确保了在可预见的未来当中，有人能稳定维持其食物供给。蚂蚁亦然。就连克朗普顿也指出，“一次劫掠蚁奴的远征并非真正意义上的战斗，它只是一次常规的商业运作罢了。”

不可否认，这个类比是不完美的，科学家把这类蚂蚁称为社会性寄生生物（social parasites），而非绦虫般的内寄生型。杜鹃和牛鹂是这类社会性寄生生物中最为人熟知的。杜鹃在其他鸟的巢里产卵，而寄主的育幼行为则被利用来养育一只毫无血缘关系的雏鸟。从某种意义上来讲，寄生生物把寄主的缺陷为自己所用，花费甚微，便换取了寄主的辛勤劳动。梅特林克还指出，被俘获的蚂蚁会做着本该在自己巢穴中做出的事情。换言之，它们会喂饲工蚁、照顾蚁后。它们的生活不比在自己的巢穴过得更艰难；而从人类拟人化标准来看，任何一只蚂蚁的日常生活都是相当糟糕的，但来自克朗普顿和梅特林克的有关其“堕落”的语句则与此观点相当吻合。在寄主黑暗舒适的内脏当中，绦虫以及其他许多寄生生物的四肢、眼睛还有其他器官已经简化，而这说明它们很可能处在一个演化阶段。因为上述器官在寄生环境中并非必不可少，甚至可能成为阻碍。克朗普顿关于蓄奴蚁灭绝的预测或许并不正确，因为显然寄生虫并没有任何逐渐消亡的迹象。把蓄奴行为看作是一种寄生现象的想法，会令人惴惴不安。因为同理，我们也是体内寄生虫的奴隶。

将这种相互作用视作寄生关系，不仅回避了术语方面的夸张之处，还为其他有趣问题的提出铺平了道路。赫伯斯和她的同事研究了数种海盗蚁在分布范围内的寄主选择。正如研究致病生物一样，他们也探讨了不同种类海盗蚁的“危害性（virulence）”。就像炭疽的危害性远大于脚癣，若论及对寄主造成的破坏，危害性越高的社会性寄生蚁种，处死所掠夺巢穴中成虫的比例也越大。

赫伯斯与博士后克里斯汀·约翰逊（Christine Johnson）一道，引进了两种不同的蓄奴蚁，并将其安置在俄亥俄州一处牧场的露天围栏里。这两种蚂蚁有着相同的寄主。围栏中既分别放养了其中一种蓄奴蚁，也同时混养了两者，与这些蚂蚁一起放养的还有寄主。然后，研究者们静观其变，观察蓄奴蚁对寄主种群有何影响。他们预测，两种蓄奴蚁共存对寄主造成的负担最大。出乎他们意料的是，两种寄生蚁共存时，寄主群落反而表现得更好。约翰逊和赫伯斯推测，两种蓄奴蚁之间或许发生了相互竞争，导致两败俱伤，使得寄主能不受干扰地昌盛繁衍。科学家们对这种多个物种之间的复杂相互关系的兴趣越来越大；因为它提示我们，要同时观察多个物种，才能弄清楚某种动物的生态学。研究者们总结说，蓄奴蚁种类的丰富程度可能会影响同一区域（如一片森林中）寄主蚂蚁的“理论密度分布”。

这种蚂蚁地理分布的差异性正是苏珊·福伊齐克(Susanne Foitzik)的研究课题。福伊齐克现在任职于德国雷根斯堡大学(Regensburg University)，之前做博士后的时候也在赫伯斯的实验室待过。福伊齐克和其他研究者意识到，寄主和寄生者可以相互对对方的演化产生影响，人们把这种现象称为共同演化的军备竞赛（coevolutionary arms race）。毕竟，寄生者不能指望寄主或者被利用的物种一直逆来顺受——比如，我们人类演化出了一套完整的免疫系统来抵抗病毒和细菌的侵袭。社会性寄生生物的其他寄主也对寄生者表现出了不同程度的抵抗。杜鹃和牛鹂的某些寄主能够辨认并弃掉不速之客的卵，而另一些寄主则似乎对寄生者雏鸟们远超于自己幼雏的庞大体型不以为意，它们以影响自己的后代延续为代价，英勇地把食物塞到杜鹃雏鸟那满张的大口中。

福伊齐克和她的同事们观察了蚁奴（寄主）在抵抗蓄奴蚁的能力上是如何发生变化的。他们感兴趣的是，若不论蓄奴蚁的袭击强度，不同蚁群的防御机制是否相同？或者，是否每对具有寄生关系的种群都演化出了一种能够影响彼此的独特方法，并在每处都伴随着一场新的军备竞赛？他们对纽约州的胡伊克保护区和西弗吉尼亚州的同种蓄奴蚁及其受害者进行了比较。出现在纽约州的蓄奴蚁群落更多且更庞大，而这本应使寄主受到更严峻的压力，因为劫掠行为发生得更为频繁。反过来，蓄奴蚁也本可以在不引起太大反响的情况下杀掉寄主的蚁后，因为该地潜在受害者的群落也十分丰富。

科学家们发现，在不同地方，寄生关系双方的共同演化实际上也各有差异。在纽约，我们更可能发现一只寄主的兵蚁守卫着巢穴入口，而纽约的蓄奴蚁还是会从巢中夺走更多的幼虫。寄主对掠夺者最初派出的侦察兵也显得攻击性更强。研究者们写道："饶为讽刺的是，寄主很有可能遭到跟随劫掠部队而来的，已奴化的同类杀害……而蓄奴蚁并不一定需要亲自下手。"然而，这种防御行为并非只发现于某些特定的寄主巢中。这意味着，一种普遍性的防御机制一经演化，便在种群中扩散开来了。

直到最近，人们才开始认同寄主能抵御劫掠者的观点。这也许是因为，一部分人过于坚持奴役类比论，因而导致本观点无人问津。因为奴隶叛变是需要冒很大风险，又极为罕见的。反之，对寄生虫与寄主间演化上的军备竞赛的理解，则容易得多，像是某种老鼠肠道内的寄生虫的例子一样。

不论你认为它是海盗行为、寄生行为，还是奴役行为，活捉另一物种的个体并享受其劳动成果，都需要一系列复杂行为的支持。这样的行为是如何演化的？达尔文在《物种起源》中首次给出了可能的解释。他提出，蓄奴蚁的祖先把其他蚂蚁的蛹作为猎物。当某些蛹没有被吃掉，而成功羽化后，它们并未被蓄奴蚁祖先视为外族。因此它们开始在巢中工作，令蓄奴蚁祖先的巢群得以繁荣发展。

演化出海盗行为的另一可能的渠道是常发于同一物种不同群落间的领土争端。蚂蚁及其他社会性昆虫通常对自己的巢群有极高的忠诚度，它们会对那些闻着像是来自陌生巢穴的入侵者发起攻击。如果新建群落距离现有群落太近，就可能导致双方大打出手。而有些科学家提出，这种普遍的好战性也可能已经演化成为一种蚂蚁针对另一种蚂蚁的现象。如果两个物种的亲缘关系较近，它们从共同祖先分道扬镳的时间也就越短，而它们对俘获的蛹和幼虫也可能会更为宽容；因为俘虏的气味闻起来更熟悉。

珍妮特·巴别 (Jeannette Beibl) 研究员是福伊齐克在雷根斯堡大学的同事，她检测了许多不同种类蓄奴蚁的 DNA。她们和同事 R.J. 斯图尔特 (R. J. Stuart) 以及 J. 海因策 (J. Heinze) 断定，蓄奴行为在不同的蚂蚁类群中分别有数次独立演化，有些距离现在比较近，至少从演化的时间标准看是如此。这种差异性表明，不同类群蚂蚁蓄奴行为的演化，也许与不同的选择压有关。

六条腿的巡警

如果行军蚁并非真正的战斗部队，而蓄奴蚁对于寄主来说也只是相似性惊人的寄生虫的话，那么叛变和侵略究竟是否存在于社会性昆虫当中？答案很明显，是肯定的。杀戮的手段是狡猾巧妙的，但说到后续影响的毁灭性，即使是最令人闻风丧胆的蓄奴劫掠也无法与之相比。从演化的角度看，失去繁殖的机会要比失去生命严重得多。社会性昆虫自杀式的群落保卫战以及工蚁、工蜂的不育性让达尔文以及其后的演化生物学家们困惑不已。尽管生物学家已经基本上解释了这类极端合作行为对群落中个体成员的好处，但那些忙碌的处女工蜂与工蚁在机会成熟时，也一样会表现出雄心勃勃的叛变野心。

虽然工蚁、工蜂都不能交配，但它们通常也具备功能性的卵巢并能产下自己的卵。这些未受精卵会发育成雄虫，因为上述昆虫以及别的一些昆虫种类当中贯穿着一个普遍现象：雌性个体跟人类及其他脊椎动物一样拥有两套染色体，而且都是从受精卵发育而成；但雄性个体实际上仅携带了母亲的基因，而事实上，并没有父亲。（我经常在动物行为学考试中出这样一道题目：一只雄性蜜蜂有外公而没有父亲，是这么一回事吗？知道答案的学生通常会得意扬扬地用不必要的长篇大论来深入论证要点，而那些不明就里的学生则纠结于种种困惑当中。有个学生在试卷上绝望地写道：“不对啊，每只动物都有父亲的。如果它们没有父亲，那也不会有母亲了，然后还能发生什么事呢？”）

这个遗传上的怪现象意味着，工蜂相互间的血缘关系通常比其与自己后代的还要近，尽管它们共有基因的确切比例因参与交配雄蜂数量而异。正如我在上面章节中指出的，真正的遗传回报并非来自那些帮忙养育自己的不育姐妹的工蜂，而是来自蜂后产生的未来繁殖品级。这些未来蜂后与雄蜂会离开蜂群，并另觅安身之处。

因此，在某些情况下，产下一些未受精卵，对工蜂个体来说是有好处的。但是其他工蜂为了更高效地传递自己的基因，会把时间更多地投入到同样出自蜂后的亲兄弟，而非姐妹的孩子——侄子/外甥身上。因此，理论上工蜂们会破坏彼此在蜂巢中偷偷产下几粒卵的努力。而确实，弗朗西斯·瑞尼克（Francis Ratnieks）和柯克·维斯切（Kirk Visscher）的记录中，工蜂恰恰拥有这样的行为，他们将其称之为工蜂监督

（worker policing）。工蜂能够辨别出哪些卵产自蜂后，哪些卵产自同为工蜂的姐妹；然后会将后者的卵移走，以阻止其发育。维斯切和鲁文·杜卡斯（Reuven Dukas）发现，工蜂们甚至还能察觉到她们姐妹的卵巢发育的程度，并对那些将要产卵的工蜂表现得更具攻击性。

瑞尼克和汤姆·文瑟尔斯（Tom Wenseleers）进一步发展了工蜂监督的观点。他们指出，实际上，如果工蜂们越能阻断彼此的繁殖意图，则其他工蜂越有可能放弃繁殖的念想，把精力花到蜂后的后代身上，而非试图自行产卵。为了检验这个想法，科学家们比较了产卵工蜂在十种黄蜂和蜜蜂中所占的比例；巢中工蜂监督的有效性随昆虫种类的不同而各有差异。正如他们所料，如果巢群中有着严厉的工蜂监督机制，则当中的工蜂在一开始选择自行产卵的可能性便小了很多。科学家们的结论是，昆虫“为某些在人类社会中极难验证的现象提供了证据：法律的执行力越强，表现出反社会行为的个体便越少”。

瑞尼克和文瑟尔斯还指出，工蜂可以控制哪些受精卵最终成为蜂后，哪些最终成为工蜂。这是它们控制彼此繁殖的另一途径。尽管不是全部，但在很多社会性昆虫中，社会品级的差异在发育期间就已经被决定了。以蜜蜂的蜂后为例，它比普通蜜蜂享有更为宽敞的巢室，食物当中也含有更多的一种叫作蜂王浆的特殊物质，以促进其发育。不去照顾其他成员的幼虫而专注于自我繁殖本身，演化的前景引人入胜；而发育成蜂后仅是其中的第一步而已。这有点像影视明星的成名之路：惊为天人的美貌是走上红毯的必要条件，却不能保证你站在红毯上的地位。新羽化的蜂后中，仅有一小部分能够成功地自立门户，这相当于明星荣获奥斯卡奖了。但对于巢群而言，太多个体成为蜂后也并非好事。因为蜂后对于采食、打扫以及其他一些日常生活的俗务是不会参与的。而且，就像那些渴望超越明星的人一样，初出茅庐的演员们急于获得试镜机会。如瑞尼克和文瑟尔斯所说，“对于蜜蜂而言，具有繁殖能力实在是太诱人了，所以为了赢得自立门户的大奖，参与的蜂后数量会远远大于获奖名额。”其他工蜂的监督防止了过多蜂后的产生，因为蜂巢中用于养育蜂后的大型巢室数量是有严格限制的。

一种热带 Melipona 属的无刺蜂（stingless bee）为监督行为的范围和局限性做出了优雅的诠释。蜜蜂把幼虫放在顶端开口的蜡质巢室中养育，以便工蜂在其发育过程中能够将食物每次一小点、一小点地喂养。无刺蜂则不然。无刺蜂蜂后体型与工蜂基本无异，而且工蜂在密封的巢室中长大，这些巢室中都有一定的食物配给。雌性无刺蜂可以在不遭受同胞干扰的情况下成长为成虫，变成蜂后或是工蜂。结果是，将近有 20% 的雌蜂都羽化成了满怀抱负的蜂后。不过，一旦它们离开原初的巢室，并彼此相遇，残酷的现实就上演了。因为缺少事前监督管制，许多新生的蜂后刚羽化便会遭到工蜂的猛烈袭击，最终分尸而死。而工蜂监督能在一开始就阻止过多蜂后产生，从而改善了大屠杀的局面。

对于在社会性昆虫群落里面企图自行繁殖的作弊者做出惩罚的，并不仅限于蜂类。通常，只有蚁后会在体表分泌出一种特殊的化学物质，以示自己处于繁殖阶段。但如果一只工蚁的卵巢发育并开始产卵，其他工蚁便能在它的身上探测出同种气味，并群起而攻之。阿德里安·史密斯、贝尔特·荷尔多布勒和尤尔根·李比希（Jurgen Liebig）为工蚁涂上这种能搬弄是非的化合物，并诱发了其他工蚁的敌意，说明这种气味是发现作弊者的根本原因。然而，在巢群中的蚁后被移除后，那些新近的繁殖型工蚁便不再受到同伴的干涉了。

瑞尼克和文瑟尔斯问道："人类能从昆虫的监督审查行为当中学到些什么吗？最主要的经验似乎是，监督审查是社会生活的共同点，它有助于解决个体向社会转变时所带来的冲突……监督审查在人类社会中被高压政权用于维持不平等的局面，从‘极权国家’这个词的负面影响中可见一斑。但一个把监督审查用于弘扬平等正义的人类社会也是令人憧憬的。”当然，社会利益和个人自由的冲突由来已久，也不大可能通过观察蜂巢便能解决。我对这些大姐大们所处的阴险世界的看法是，这种行为远比行军蚁将所到之处扫荡一空更为致命。谁用得着核武器呢？

第九章　昆虫的语言

焦躁与拖延间的抉择

忽然之间，很多蜜蜂似乎在我家的车库里进进出出。通常在车库的墙头和屋顶之间会有大概一英尺的空间，所以这不是一座封闭的建筑。就在我已经对在此出没的昆虫、家里的猫，还有偶然出现的负鼠、浣熊习以为常的时候，有几天却发现，一群金色躯干的工蜂形成了一股稳定的蜂流，"嗡嗡" 作响地在其中一个角落进进出出。不用说，我家车库里面是没有种花的，所以我不知道为何每次取我的自行车时，都会有半打左右的蜜蜂在我头顶上嗡嗡叫。

我将此事告知我丈夫。他说，不过是些蜜蜂罢了，没什么好担心的。我的确不担心，只是有点怀疑这群蜜蜂频繁地飞舞预示着些什么。在第三天，我注意到一团棒球般大小的蜜蜂群正在围绕着一根横梁活动，就在它们当初进来的缺口附近。哦！我想，原来它们在分群（swarming）。

向丈夫适度地表达了我的先见之明之后，我知道要做些什么。我打了个电话给柯克·维斯切。柯克是我们大学的昆虫学教授，同时也是蜜蜂及养蜂专家。“帮帮忙，我们家里有群蜜蜂。”柯克带上一个用木板制作的便携式蜂箱开车到我家。他按我们所希望的，把蜂箱放在距离横梁和车库都较为适当的距离。他向我们保证，只需要一点运气，蜜蜂便会自觉移入蜂箱，而他就可以取走蜂群以用于在大学里的研究了。

然而，幸运女神没有站在我们这边。一天之后，分群的蜂团已经有小足球那么大；当整层蜜蜂移动时还能看到蜂巢。柯克又来了，这次他带上了古老的养蜂人设备——发烟筒与风箱。他轻轻地把烟喷到蜂群的上方，这样做不会对蜜蜂产生明显的影响，除了使它们“嗡嗡”作响，至少对于我的耳朵来说，我觉得它们相当不安。我回到汽车道上，请教柯克我们究竟想要达到怎样的目的，因为相比起满车库正常安静的蜜蜂，把它们惹毛似乎并不会对情况有任何改善。

他说：“我们只是尝试去让它们相信，这个地方并不像它们刚开始想的那么美好。”我猜，这就像是搬家到某个社区后，发现它空气质量恶劣，或是学校系统糟糕。只是蜜蜂省去了我们签合同和托管的复杂过程。不管当中的原理到底如何，有一天整个蜂群就突然撤走了，除了黏附在横梁上的不规则的部分巢脾外，它们似乎就像没有来过一样。可想而知，蜂群飞到别处寻找一个更为永久的居所了；不管是一个树洞或是某个幸运养蜂人的蜂箱中，至少离我家车库是足够远了。

分群是蜜蜂巢群解决蜂口过剩问题的方法。当巢群变大，工蜂会养育新的蜂后，而老蜂后会带上或许半数的工蜂离开，在别处建立新的蜂巢。首先，分群的工蜂和它们的蜂后会像我家车库里出现的情况一样，聚成一团定居下来。而负责侦察的工蜂则外出寻找新的居所。几百年以来，锐意进取的人类会利用蜜蜂的自然分群控制整个巢群，并将其置于人工蜂箱之中饲养，就像柯克尝试的那样。由人类在蜜蜂寻找居所的过程中的唐突介入，没人注意到或者明白，蜜蜂在决定去处时所经历的非凡过程。

请记住，蜜蜂分群时群聚的个体会多达一万只。它们把丰满、生殖力强的蜂后围在中间并不惜代价地保护她。仅有少数个体能够参与新巢址的选择，而这是它们与蜂群后代中许多个体度过余生的地方。蜜蜂选择巢址有哪些标准呢？侦察蜂如何把自己的所见所闻与分群中的其他个体交换意见？而信息一旦传递开来，蜂群又如何决定到底哪个未来的居所最为宜居呢？最后，一群数量如此庞大的小昆虫，是如何在迁徙中不至于走失，而到达同一个目的地的呢？

这些问题的答案揭示的不仅是蜜蜂的行为，还有动物群体做出决定的过程，不管这些动物是昆虫、候鸟还是人类。与此同时，只有蜜蜂及其近亲展示了这种复杂的交流系统，挑战了我们对人类的定义。昆虫如何决定下一步去哪里？进一步说，它们是在用一门真正意义上的语言来标明目的地的吗？

巢群的精神

所有动物，甚至连一些微生物都要做各种决定：向左走而不向右走，吃这种食物而不吃那种，在下午唱歌或是休息。雌性果蝇（Drosophila）关于产卵的地点的决定，对其后代的命运有着至关重要影响，而科学家们在基因如何调控果蝇在大量选择中的决定机制（培养基中如果含糖量高，雌性果蝇便会露出它们小小的产卵器）的研究中已经成果颇丰。但果蝇不会就所做选择向其家属咨询，而且也不会有其他果蝇给它们提意见。

然而，蜜蜂生活在一个既不民主也并非独裁的社会中。在繁殖上也许最后还是蜂后说了算，但在搬家上，蜂后就没有多少发言权了。在1930年的著作中赞扬蚂蚁及其合作天性的剧作家莫里斯·梅特林克曾在1901年写了《蜜蜂的生活》。在这本书中，他思考了蜂群找到新家的方法并得出结论："所有证据都表明，是巢群的精神(the spirit of the hive)，而并非蜂后本身，在分群问题上起决定性作用。"就像人类找房子一样，蜜蜂和其他社会性昆虫关于究竟应该搬到何处的决定过程也十分复杂。蜂群必须迅速做出决定，因为当它们贴在一根树枝上（或是车库的天花板横梁）时，是容易受到攻击的。同时，蜂群的决定意义重大，因为巢群将在新居度过余生，并需要拥有宽敞的空间养育后代，而且最好附近也有稳定的食物来源。另外，蜜蜂如何避免把时间无休止地耗在反对与争论当中，就像国会为了通过一项预算而整晚争论不停？更重要的是，有时候旧的巢址会遭到火灾、水灾或是一头不期而至的饿熊摧毁，这迫使蜂群从旧居突然疏散，并迫切希望找到新居。群体决策至关重要；蜜蜂不可能像选民一样，等到下个季度再进行一次选择。

群体决策尤为有趣。因为这些决策首先意味着群体成员能够互相传递信息，其次暗示了群体内有某种用以评估每个个体所做贡献的机制。说到集体主义的时候，群体的名声颇为可疑。正是弗里德里希·尼采提出了毁谤人性的名言："疯狂对个人而言只是一种例外，但对群体来讲，却成了一种规律。"然而，梅特林克对蜜蜂的群体决策过程则更为着迷，并认为尽管"蜜蜂看上去确实会相互沟通，但我们不知道它们沟通的方式是否与我们有相似之处"。不过，"很肯定的一点是，它们能互相理解"。蜜蜂显示出了人们称为"共识决策（consensus decisions）"的行为模式，这意味着它们能在几个相互独立的选项中做出选择，然后全体成员尊重最后做出的决定。这个过程跟一次民主选举，或是若干目标一致的国家签署国际协定的经过很相似。每个成员不一定都要亲自参与决策的制定，但最终它们会全体同意做同一件事情。

共识决策与我们所说的联合决策（combined decisions）是有区别的。因为后者要求每个成员都同意，这就意味着群体不得不拥有一套复杂的信息交换手段。当群体中的个体要为自身分配不同任务时，就要做出联合决策。例如，蜜蜂打扫蜂巢与觅食的分工，但所有个体并没有一开始便都同意按照一张谁会做什么的清单行事。这种差别很重要，因为让每个成员都同意某个单一的结果，便同时意味着，按照这种做法，它们可能被迫牺牲自己的利益。对于小小的昆虫而言，这是一项相当高级的能力。当科学家在思索社会性昆虫另觅新居的方法时，许多人从一开始就思考了“集体智能（hive mind）”的可能性。而这种个体之和大于整体的超个体(superorganisms)备受争议。

亚里士多德已经指出，蜜蜂似乎是从那些提前动身寻找潜在巢址的侦察蜂身上了解信息的。但直到20世纪50年代，德国动物学家马丁·林道尔（Martin Lindauer）才首次细致研究了蜂群决定新巢址的过程。林道尔任职的大学位于慕尼黑，在动物学院的附近。他偶然遇到了一个蜂群并注意到，在蜂群的外侧，有部分的运动呈现出摇摆舞的特点。他的导师、诺贝尔奖获得者卡尔·冯·弗里施（Karl von Frisch）曾经描述过，蜜蜂在告知同伴食源位置时，也会跳同样的摇摆舞。鉴于跳舞蜜蜂的身上没有花粉或是花蜜，林道尔怀疑它们的舞蹈也许与蜜源位置无关，但标记出了蜂群未来安家的场所。

林道尔记下了这些疑似侦察蜂在摇摆舞中表达的地点信息。他注意到，尽管蜜蜂在一开始似乎会“为了”许多不同的地点跳舞，但其中的某个地点最终似乎会得到全员认可。在这场筛选过后不久，蜂群会全体起飞，并飞往最终确定的地点。科学家们继续着林道尔的工作，他们在这几十年间找到了一些蜂群判断居所好坏的标准，当中包括了朝南的入口——入口足够小，以确保不会有不速之客光临；而内部空间也要足够大，至少要足以容纳一个正常大小的蜂群安身其中。像那些满怀雄心壮志在网上浏览房产广告的夫妻一样，蜜蜂这种比较几个不同可能性的能力表明：这些昆虫有着相当复杂的认知能力。这甚至使得有人提出，蜜蜂具有某种形式的意识。我不清楚，为何人们特别把蜜蜂选择牧场的错层而不选翻新的维多利亚式建筑的能力作为较高智慧的象征，而它们做出其他决定的能力则被忽略？但毫无疑问，选择居所必定是个复杂的决定。

康奈尔大学的汤姆·斯利（Tom Seeley）是柯克·维斯切的前任导师，一个杰出的蜜蜂专家。在20世纪90年代，他们与其他同事合作确定了蜜蜂选定最佳未来巢址的机制。在确定最终答案之前，一个蜂群考察了11个潜在地点，在跳舞上花费了16个小时，并用三天时间做出决定。在《纽约时报》的专栏上，詹姆斯·戈尔曼（James Gorman）指出：就像梅特林克一样，科学家们确信，蜂群会做出符合巢群利益的决定。他还提到："斯利博士比尼采要乐观得多。"这样的对比，也许对于昆虫学家和哲学家而言，都是颇为新颖的。

那么，蜂群是如何做出最终选择的呢？有观点认为，蜜蜂会在蜂群内开展自己版本的民意调查，来了解每个成员对于各个地点的看法，以便做出明智的决定。这个观点听上去很吸引人，但事实证明，这不是蜂群决定跟随哪只侦察蜂的方式。相反，它们似乎能够通过群体感应（quorum sensing）而感知"为了"一个特定巢址跳舞的侦察蜂数量，而后，整个蜂群会遵循群体感应的结果行事。（译注：群体感应，指只要同意某项决策的人数超过某一事先划定的底线如"法定人数"，该决策既立即通过，并对全员都具有约束力。）

柯克、斯利和来自俄亥俄州立大学的凯文·帕西诺（Kevin Passino）获得这项发现所用的蜜蜂巢群来自于阿普尔多尔岛。该岛在缅因州的海岸线外，康奈尔大学在这里建有一处研究设施。阿普尔多尔岛非常适合于这项研究，因为岛上基本没有能被蜜蜂用于筑巢的树木。这意味着科学家们能够为带去的蜜蜂巢群提供所有可能的居所。

研究者们为该岛两侧的不同蜂群提供了两种重新定居的选择：只放有一个巢箱，或是挨着放置五个相似的巢箱。如果蜜蜂通过群体感应来确定跳舞侦察蜂的数量，则五个类似的蜂箱会延缓这一过程的形成，并因此耽误蜂群移居的速度。不过，决策过程中的其他变量在两个实验中都保持一致。不出所料，当蜂群面对可谓是眼花缭乱的选项时，做出决定的平均用时是442分钟。而与之相比，蜂群只有一个可用蜂箱的话，仅用196分钟就做出了决定。研究者们总结道，"群体智慧是争论与质疑的产物。"至于这种观点是否比尼采更加乐观，或许还是一个存在争议的问题。

柯克和汤姆·斯利同时指出，侦察蜂根据未来可能巢址的质量不同，在跳舞时也会有不同表现。侦察蜂花在检查所给的两个潜在新址上的时间大致相等，但回到蜂群后，它们为质量更高的巢址跳舞的时间会更长。为了避免在糟糕的备选住址上陷入徒劳无功的痛苦局面，蜜蜂对低质量住址的连续考察会急剧减少。这样它们便能毫不留情地摒弃这些地方，而不须事必躬亲后才做出决定。而这也是非常值得我们人类学习的。

我们还不清楚蜜蜂是如何评估所出现的侦察蜂已经达到了关键数量。蜂群并不总会做出全体通过的决策；偶尔会有个别蜜蜂在蜂群起飞时出走，而且甚至在纠纷还不算激烈的时候，若干固执己见的侦察蜂仍然坚持反对到最后一刻。直到最近，科学家们同样地不明白，蜂群如何能在最终巢址确定以后步调一致地动身迁移。侦察蜂会发出一种叫作"管鸣（piping）"的动员口号，它似乎能激励蜂群做好同步起飞前的热身。

斯利和佛罗里达大学（University of Florida）的克莱尔·瑞兹可夫（Clare Rittschof）所做的一些工作表明：侦察蜂会在较静滞的群体成员当中穿梭，在做出一系列模式化运动的同时发出声音。通过“嗡嗡”起舞（buzz-run）这样的行为，侦察蜂能够让蜜蜂们动起来。同样的行为似乎还能激励后进的蜜蜂振动翅膀，从而确保每只蜜蜂的翼肌都在迁徙前得到了充足的热身。由于蜜蜂像其他昆虫一样是冷血动物，所以它们的体温需要升高到某个程度才能飞行，而它们会像小型发动机一样快速振动肌肉来升高体温。瑞兹可夫和斯利接着提出，侦察蜂充当着蜂群温度计的角色来测量蜂群的温度；当每只蜜蜂都准备好时，侦察蜂便会触发整个蜂群的协调起飞过程。

即使在起飞以后，蜂群的协调性也是惊人的。尽管侦察蜂事先已经广而告之，而且蜂群也已做出了决策，但实际上蜂群却仅有少于5%的蜜蜂曾经去过确定下来的巢址，因此巢群中大多数个体都不太清楚到底该往哪里飞。然而，上万只蜜蜂最终都能悉数到达经常是在数英里以外的正确巢址。斯利以蜜蜂专家的身份，与来自俄亥俄州立大学的工程师凯文·舒尔茨（Kevin Schultz）合作发表了另一篇文章，为上述的问题提供了答案。通过给阿普尔多尔岛的蜂群拍摄的高清电影，研究者们检视了超过 3500 帧记录蜜蜂运动的画像，并且断定：少数经验丰富的蜜蜂会高速飞行于蜂群的队伍前端，为整个巢群带路。这些领头的蜜蜂在漫天飞舞的蜂群中如彗星般高速推进，故被风趣地命名为裸奔蜂（streaker bees）。

微小的居所

人们一直对蜜蜂的房产偏好充满兴趣，主要是因为，一个运行流畅的蜂巢的产物与人类健康息息相关。人们对其他社会性昆虫所做的决定就没有那么大的兴趣了。以蚂蚁为例，只要它们不决定搬入或靠近我们的居所便可。然而，蚂蚁与蜜蜂在巢址的选择上既相似又不同，而这种对比是富有教育意义的。

大多数对蚂蚁在住址选择上的群体决策研究主要集中在某几个种类身上。这些蚂蚁的生活史听上去仿佛来自童话，或者是小熊维尼的故事。这些蚂蚁甚至比厨房里常见的蚂蚁还小，把岩石缝隙，或者，更有传奇色彩的橡子，当作巢群的栖身之所。包含了蚁后和其他成员在内的整个巢群能在比人的拇指还小的空间内容身。不用说，这使得我们很容易在实验室里复制它们的世界。布里斯托尔大学的奈杰尔·弗兰克斯（Nigel Franks）是这些蚂蚁的最早期研究者之一。他用一点硬纸板把两片显微镜载玻片粘在一起，为这些蚂蚁重新创造了一个易于监视的裂隙，供巢群居住。

蚂蚁的觅居活动引起人们的关注主要是因为它们使用了串联式跑动。我在关于蚂蚁帮助同伴找到食物的章节里面对此做过介绍。就像我们在蜜蜂中看到的一样，蚂蚁也是派出侦察蚁寻找新居。但与蜜蜂不同，这些侦察蚁为争取新居支持者所做的"跟我来"动作，同样也用于带领同伴找到食源。蚂蚁不像蜜蜂那样表演摇摆舞，但它们在高质量巢址的组队速度上，会比低质量巢址快得多。如果这些新成员认为选址可取的话，它们随后会拉拢其他成员加入。如果你是一只黑洞洞的橡果里的蚂蚁，那最理想的家是这样的：拥有一个透着微光的狭窄入口（用于抵御捕食者）和足够的室内面积。蚂蚁甚至会评估它们遇上不良邻居（其他的蚂蚁巢群）的可能性，然后对这些有潜在麻烦的可能巢址敬而远之。

从这一步开始，蚂蚁与蜜蜂在行为的步骤上开始分道扬镳。因为一旦有足够多的蚂蚁选择了某处地点，它们便对同伴强加催促，而不会像蜜蜂那样百般劝说。而巢群中余下的个体会被同伴整个举起来，它们的头屈辱地朝向后方，就这样被运送到了新的巢中。搬运比串联式跑动要快三倍，而且一旦搬运开始，蚂蚁便会认准新居地点，不再中途变卦。看来，“后悔”在蚂蚁的行为中是不存在的。正如罗伯特·普兰克（Robert Planqué）和包括弗兰克斯在内的合作者们发表的一篇论文所指出的，“蚂蚁巢群在焦躁与拖延之间找到了一种很好的折中办法。”愿我们所有人也能这么精明，至少希望在有关搬家的问题上做得到。

对于人类而言，不论是开战或者是吃饭的问题，人越多越难做出决定。相反，我们在实验室里看到，无论蚂蚁巢群是大是小，它们似乎跟蜜蜂一样善于从许多选项中确定最佳巢址。更大型的巢群中，蚂蚁确实会表现出更多的串联式跑动来说服同伴跟随其后，而且似乎在撤离之前也需要更多蚂蚁表示同意。有趣的是，小蚁群和大蚁群选择的巢址，都足以容得下一个充分发展的巢群。这表明，蚂蚁能够预测自身在将来的需求，这真是非凡的壮举。

弗兰克斯和他的同事们展示了蚂蚁能辨别不同质量的巢穴，并在踩点时进行预先评估的本领。根据《牛津英语词典》，事先考察（reconnaissance）的官方定义是“通过对某个区域的初步调查，了解某些具有战略性意义的要点。”蚂蚁设法做到了这一点。它们记住不同潜在巢址的信息，稍后把这些信息整合到为不同地点组队的过程中。正如一个正在晨跑的人会把路上看到的一家雪糕店记住以便日后光顾，蚂蚁也会记住潜在巢址附近的地标，或是留下的气味，即便当时它们尚未开始真正考虑搬家的问题。如果一个研究者把这些线索移除，同时蚂蚁旧巢遭到实验中人为破坏需要搬家时，它们便无法区分之前选中的潜在巢址了。

蚂蚁也能做出最佳群体决策，而这几乎像是无须大量沟通的个体行为的副产物一样。比方说，蚁巢附近有的地面上有一条很深的裂隙，而在裂隙的对面有一小块可口的食物。一根长满叶子的树枝恰好横跨裂隙，而蚂蚁想要吃到食物的话，有两条路径可供选择：一条更短、更直接；一条更长、更曲折。而这要取决于它们用哪一段小树枝来过渡。走更短的那条路效率会更高，而事实也证明这条路径正是蚂蚁所钟爱的。不过，它们是如何做出这个决定的呢？即便在蚁巢生活的蚁客（myrmecophile），也很难想象蚂蚁会先后探索这两条路，对比两者的耗时，然后再把这一消息传递给巢群里的其他成员。

事实证明它们用不着这样做。弗兰克斯和其他科学家指出，起作用的一定是一种更为简单的程序。当一只蚂蚁从食源回来时，它会在路上留下能吸引同巢伙伴的气味。巢群中来往的蚂蚁越多，特定路径的吸引力也越强。因此，蚂蚁更多地使用较短的小树枝而且积累更浓的气味，只是因为从该路径往返于食物与巢穴的耗时更少；更短的树枝因为使用得更加频繁，积累的气味也更重，而这完全是因为从这条路到食物间的距离比较短罢了。其他蚂蚁跟随其后，巢群作为一个整体，就这样做出了正确的决策。相似的行为也让蚂蚁能够在巢穴入口被沙石封堵时，找到最易挖掘的地点。

至少还有另一种蚂蚁能够集体做出决定，哪些食物的收获可以单独完成，哪些需要招揽援军。这种蚂蚁的名字很有喜感，叫作吉卜赛蚁（gypsy ants）。一群来自法国和西班牙的研究者把几种食物放在吉卜赛蚁面前：一群蚂蚁可以合作移走而单只蚂蚁则无能为力的蟋蟀尸体；重量是一只工蚁的500倍，必须切割成碎块可供单只蚂蚁运输的死虾；还有是任何郊游者都不会陌生，能被单只蚂蚁轻易举起的芝麻种子。用及时、高效的方式取走食物很重要，因为其他种类的蚂蚁很可能潜伏在附近，准备夺走任何没有被看守着的食物。根据蟋蟀的体积，吉卜赛蚁很快就估计出需要用于搬动猎物的蚂蚁数量。其中小蟋蟀要动用约十只蚂蚁，大蟋蟀则要动用十五只甚至更多；而且它们会迅速召集数量更众的同伴，在大虾被其他蚂蚁发现之前，对其进行肢解。

并非所有的群体决策都能得到满意的结果。尽管科学家对蚂蚁、蜜蜂这类群居昆虫最为关注，但他们也测试了天幕毛虫的集体行为。这是一种在吐丝结茧、羽化成蛾之前营群居生活的昆虫。这些毛虫在树冠层结伴而行，边爬边吃。它们要么在一棵特别多汁可口的树上驻扎进食，要么快速通过，寻找营养更丰富的叶子。由于这种毛虫独特的口味，被它们袭击过的树林通常呈斑驳状，有的区块被啃食殆尽，而邻近的区块则原封未动。在大自然里，实验显示这种毛虫更喜欢富含碳水化合物或是天然的杨树叶（aspen leaves），而不是高蛋白含量的其他树叶。这是一种反阿特金斯的食谱（anti-Atkins diet，译注：阿特金斯饮食法的基础是从食谱中剔除大多数碳水化合物）。科学家在实验室里为森林天幕毛虫调制了两份营养组成不同的饮食，毛虫会远离那份碳水化合物含量较低的不均衡食物，并做出"正确的"选择，取食那份蛋白、碳水化合物和纤维都按天然比例混合的食物。

然而，就像小学生怂恿彼此吃立体脆和夹馅面包而非胡萝卜条一样，天幕毛虫在群体内往往会最终选择吃那些营养更少的食物。导致这一问题的原因似乎是因为，它们像蚂蚁一样会跟随同伴留下的气味踪迹。最初进食怎样的食物的决定是随机的，不过一旦某条毛虫开始进食的话，它所留下的气味踪迹便会怂恿同伴跟随，然后整个虫群都会因为专注于前面毛虫留下的信息而受困于此。因此，毛虫会前赴后继地集体走向它们营养上的劫数。和蜜蜂、蚂蚁不同，毛虫缺乏相互交流自身状态的能力，因此它们无法示意自己已经爬到了一根不甚美味的树枝上，也无法对自己的同伴们发出警告。就尼采对群体的悲观情绪而言，毛虫似乎比蜜蜂对此做出了更好的诠释。毕竟，这会令你怀疑，我们是否与社会性昆虫真的那么类似。幸运的是，这些毛虫好动的本性各不相同，而且如果群体里面好动的成员所占比例较大的话，群体的结构便会比较松散，而它们也更倾向于从不当的集体决策中脱身。

飞行与爬行的对碰，以及语言形成的由来

对于任何昆虫巢群来说，关于食物或是巢址的决策都与它们的兴衰存亡息息相关。而当某个成员发现一块太大的食物，或是需要推行一项全体成员都得参与的决策时，不同种类的昆虫获得帮助的方式，对社会性行为也有十分重要的意义。相应的，昆虫召集同伴的方式也会受其自身的生物学特性限制。正如我已经讨论过的，蚂蚁会留下一条气味踪迹，这条踪迹会随着更多

工蚁的使用而变得愈发气味浓烈。但对于每只行进于其中的蚂蚁而言，这条踪迹的终点都是个谜——可以说，它们只能跟着自己的鼻子走下去，直至到达目的地。在蚂蚁搬家的案例中，有的蚂蚁会被同伴搬运到新的巢址；而这些被粗鲁地夹在搬运者腿下的蚂蚁，同样也完全不知道自己将被带到何处。

蜜蜂的情况又不一样。飞行取代步行意味着一只蜜蜂不能把身边同为工蜂的姐妹们轻易拖走。因此，蜜蜂需要某些其他的途径来把信息传达给巢群的其他成员。尽管某些种类的蜜蜂会在通往食源的路上把少许气味留在植物以及其他物体上作为路标，但是，蚂蚁等步行昆虫所使用的信息素，对于飞行昆虫而言却并不适用。如果蜜蜂也用信息素指路的话，那么它们必须时不时地俯冲到植被当中，而且这些气味一旦得不到大量工蜂个体的持续加强，就会很快消失殆尽。

更重要的是，至少有某些种类的蜂会担心那些盗用它们气味线索的“窃听者”。加州大学圣迭戈分校（University of California，San Diego）的詹姆斯·聂（James Nieh）多年以来一直在研究巴西、巴拿马以及其他拉丁美洲地区的热带无刺蜂。无刺蜂和蜜蜂一样营造社会性生活。聂注意到，他的研究对象会在优质食源附近留下气味标记。但问题是，这种气味很容易被一种体型更大且更具侵略性的无刺蜂探测到，然后当这群恶霸找到食物时，它们会处决遇到的受害者。聂形容这样的场面是："程度不一的进攻性表现，从威胁到激烈扭打，而斩首会紧随其后。"受害的无刺蜂种类会避开进攻性更强的种类留下的气味，并坚持使用自己的信号。但后者则恰好相反，它们对受害种类蜂群留下的气味标记的喜爱，更胜于同种留下的标记。

那蜜蜂会怎么做呢？其中一个办法是把方向性信息进行加密。与散布气味，像是"这儿有好吃的！"公告天下的做法相反，蜜蜂只需要把关键信息悄悄告诉目标受众——自己巢中的同伴即可。也就是说，蜜蜂需要演化出一种符号语言，用以在蜂巢内部向同伴传递自身获得的资讯，而同时不用担心消息有被窃听的危险。聂提出，蜜蜂著名的舞蹈语言，以及在其他几种蜂当中与之相应的舞蹈，是在为了不让该区域内任何构成竞争的其他蜂类获悉高质量食源的地点而演化出的对策。当然，理想的情况下，最好能拥有一套仅有自己巢中成员才能解读的密码，但这等程度的加密对于蜜蜂而言，似乎太过勉为其难了。所以它们只好利用种内特异，或至少是种群内特异的一套信号。对于会飞的昆虫来说，因为它们无力搬动其他超群成员，也不便留下长途的气味踪迹，通过舞蹈传递信息也就没有想象中那么怪诞了。

相反，这更像是解决问题的一个明显答案。

蚂蚁和蜜蜂在其他若干方面也有所不同：对于一个新发现的丰富食源，蚂蚁转移工作重点的速度远比蜜蜂要慢。而在对刺激做出反应时，一个蚂蚁巢群中的成员几乎表现得跟大脑里面的神经元一样。蚂蚁也展示了某种被称作“共识主动性（stigmergy）”的机制。这个词听上去要么像是一支八十年代的乐队，要么像是一群社会的乌合之众，好比集结在一栋大厦前面的吸烟者一样。但这正是蚂蚁所用的方法。它们通过改变气味踪迹来协调彼此间的行动。这也意味着，蚂蚁不需采取个体间直接交换信息的方法，同样能做出决策。

蜜蜂的语言

且不说摇摆舞的演化起源，大众对蜜蜂能掌握一门符号语言的认知，就从来没有和蜜蜂飞行生活的副产物这一演化的新发现联系在一起。人类学家无休止地争论着，究竟在不存在语言的前提下，是否可能思考；一个人是否必须拥有把观念用某些类似文字的形式表达的能力，才算得上真正有感知的能力。他们还煞费苦心地定义到底是什么让我们的语言如此特别，以及到底怎样才能把语言作为区分人类与其他所有物种的重要标志。但蜜蜂则让我们反思，如果没有思考，语言是否会存在。因为，即使是对摇摆舞热情备至的人，也不会断言蜜蜂的认知能力是我们的真实写照。那么，蜜蜂拥有语言吗？如果有，这是否意味着，我们必须把它们也纳入与众不同的特别团体中？

尽管许多养蜂人已经注意到，单只觅食的蜜蜂似乎会把含蜜丰富的花丛地点报告给蜂巢里的其他成员，但到了1919年，这种觅食者的表演行为才首次被奥地利科学家卡尔·冯·弗里施（Karl von Frisch）详细描述。由于他所取得的成就，他和康拉德·洛伦兹（Konrad Lorenz）以及尼可·庭伯根（Niko Tinbergen）平分了1973年的诺贝尔生理学或医学奖。冯·弗里施把蜜蜂巢群放养在用于观察的玻璃蜂巢内，并在它们的背部轻轻着色或粘上带编号的小环作为标记。通过这种方法，他得以仔细地追踪蜜蜂个体的行动。

冯·弗里施指出，当一只探索到丰富食源的工蜂回到蜂巢时，它会在蜂巢表面做出一系列模式化的动作。若食源较近，大约在50码左右的话，它会循狭窄的环形转圈，表演一种相当简单的“圆圈舞”。对应更远距离花丛的是“摇摆舞”，舞蹈中包含了食物与蜂巢的距离以及方向这两项信息。摇摆舞可以分解成两部分，蜜蜂首先会往前冲，随后向一边舞出个半圆，回到原点，然后依此舞另一个半圆。整套舞步像是一个粗略的数字“8”，并且蜜蜂会在直线跑动的过程中，使劲摆动自己的腹部。

摇摆舞的长度跟食物与蜂巢之间的距离有关，而它们身体跟地面垂线的夹角则与太阳和食源之间的夹角相对应。蜜蜂跳舞时，颤动的翅膀也会将听觉信息传递给蜂巢内的其他成员。无法发声的蜜蜂，也无法召集同伴前往食源。这是因为，蜂巢内一片漆黑，巢中成员不可能通过视觉了解舞蹈的内容。当舞蹈结束，其他蜜蜂便会爬出蜂巢，基本以直线飞行的方式，到达跳舞蜜蜂所提供的地点。

换言之，蜜蜂似乎能用符号表示食物的距离与方向，即使未能完全符合，这种示意方法也很大程度地满足了一门真正语言的标准。这在当时是个大新闻。科学历史学家塔尼亚·芒兹（Tania Munz）指出，在20世纪60年代，蜜蜂语言是“被人们研究得最广泛的动物交流方式，而且有人认为它的复杂程度仅次于人类语言”。就连卡尔·荣格（Carl Jung）（著名的瑞士心理学家）也注意到此事：“作为一项有意识且有意的行为，很难想象如何有人能够在法庭上证明它是在无意识状态下实施的……我们也没有任何证据证明蜜蜂是无意识的。”他还进一步思考说，如果这样的事情也发生在人类身上，我们便能够解释蜜蜂的行为了。当然，那些渴望亲自看到摇摆舞的人只要上 YouTube 视频网站就够了。有一段记录了一只蜜蜂起舞的视频，它的点击次数已经接近 8 万次。视频下方有不少具有讽刺意味的回复，诸如“我做不到啊，蜜蜂比我还聪明！”“真奇怪，为什么要用摇屁股作为交流方式呢？”或者讽刺更甚的是：“哇，它们真机智！”

尽管民众与大多数科学家大体上对冯·弗里施的研究成果都喜闻乐见，而且很快便不加批判地接受了。但仍有少数人怀疑蜜蜂是否真的能够利用舞蹈中加密的复杂信息。他们中居于首位的是艾德里安·温纳（Adrian Wenner）。温纳是一位教授，他任职于加州大学圣芭芭拉分校（University of California，Santa Barbara）。本着透明公开的精神，我向诸位坦白，他也是我本科阶段的老师与辅导员。作为一个言辞温和，但内心执着的人，温纳并没有否认蜜蜂舞蹈中信息的存在性；他能够观察一只回巢的蜜蜂，并亲自精确无误地算出花丛的方位。他只是不认为蜜蜂在利用这些信息罢了。

温纳为蜜蜂发现存在食物的过程提出了一个简单得多的解释：工蜂只是闻到了侦察蜂身上残存的气味，然后离开蜂巢四处飞行并在空气中嗅探，直到它们感觉到由花丛散发的同种气味。他认为，冯·弗里施和其他科学家的实验演示的仅仅是蜜蜂找到食物这一结果，而不是它们觅食的过程；而他的假说则简单得多。因此，温纳总结说，科学家在谈论蜜蜂时，总是忍不住把问题的解释过于复杂化。那么，蜜蜂为何跳舞？而且，为何蜜蜂在舞蹈中暗藏着我们可以理解的信息，但它们自己却并不使用呢？每当被问及这个问题，温纳脸上总会浮现出一丝狡黠的微笑，并指出，自然万物的演化并没有目的；倘若硬要说成有，就变成目的论，且不科学了。我们能够理解蜜蜂的舞蹈，但蜜蜂没有必要以同样的方式理解它们。天气越热，蟋蟀唱得越快，因此我们可以用一只蟋蟀的鸣叫频率来计算温度；但也从来没有人提出，蟋蟀鸣叫的演化是为了让自己能够充当温度计的角色。

温纳反传统的观点并不十分流行，他将此归咎于人们对科学的偏见。人们就是想相信更富有戏剧性、更激动人心的与昆虫语言有关的故事。不过，科学家们最终还是让这两种观点同台竞争。在某种程度上，说冯·弗里施否定了蜜蜂对气味的利用对他是不公平的，因为他在某些论文里面确实提到了气味在其中的作用。而且，实际上多数研究者都承认，蜂巢里的成员不会忽略归来的工蜂身上所包含的气味信息。

通过詹姆斯·L. 古尔德（James L. Gould）在 1975 年发表

的实验结果，许多生物学家相信，蜜蜂确实能利用舞蹈里的信息。在这些实验中，古尔德用闪光灯模仿了太阳，通过“欺骗”蜜蜂对阳光角度的感知，使得蜜蜂回巢后向同伴们“撒谎”——在舞蹈中描述错误的食源地点。但温纳却不服气地指出，该实验一经发表便再也没有被重复过。而且他和其他几位科学家还宣称，古尔德在实验中并没有完全否定蜜蜂利用气味定位这一可能的解释。

一些科学家曾试图生产能在蜂巢内跳舞的人造蜂，来进一步验证上述的假设。在它们制造的人造蜂中，至少有某些个体，能够召集到一部分蜜蜂飞向舞蹈程序指定的食源地点。它将为了指明该处而在其他成员面前表演蜜蜂舞。温纳再次拒绝接受这些他认为无法信服的结果，并觉得机械人造蜂在蜂巢中起到的效果不可能达到真正蜜蜂的程度。

至少大多数科学家认为，具有决定意义的一系列实验来自于 H. 艾士（H. Esch）及其同事。他们能够操纵某种可被蜜蜂感知的叫作光流（optic flow）的现象。蜜蜂在飞行途中，以测量各种景物掠过眼前的方式，测量飞过的距离。这就像是在行进的火车中记录下掠过窗前的树木一样。这群科学家训练蜜蜂穿过一段有黑白图案内衬的隧道；这些图案会使蜜蜂的视觉产生错觉，使它们以为自己好像飞过了比实际路程更长的一段距离。当这些受骗的蜜蜂回到蜂巢时，它们的舞蹈显示食物在更远的地方。受召集的蜜蜂们也因此飞到了错误的地点，而这说明，它们确实是被舞蹈本身误导了。

其他研究还使用了谐波雷达（harmonic radar）来追踪单只蜜蜂及其飞往喂食器或花丛的路径。结果显示，大多数受到跳舞蜜蜂招募的工蜂，都会径直飞向食物，而不是像人们所预期的那样，采取迂回曲折的路线——如果它们仅通过空气中的气味来定位与巢内舞者气味相似的花丛的话。

最终，我的朋友柯克·维斯切和他曾经的学生加文·谢尔曼（Gavin Sherman）证明了摇摆舞有助于蜜蜂在自然界生存。他们设计了一个聪明的实验。在实验中，他们用灯光来模仿太阳并误导蜜蜂，使之不能帮助巢群里的同伴找到食源。同时也让一个对照巢群的蜜蜂正常跳舞。在季度结束的时候，受骗蜂群积累的蜂蜜显著地少于对照组。看来，舞蹈对野外蜂群的正常生活至关重要。

包括柯克·维斯切在内，没有人怀疑蜜蜂也会使用气味来定位食物；也没有人争论，在某些情况下，蜂群觅食行为并非一定与舞蹈间存在必然的联系。在一年中的某些时间内，仅依靠环境中的花香，蜜蜂就能找到大量花蜜。但这条路越发行不通的时候，蜜蜂似乎就需要跳舞了。来自澳大利亚悉尼大学的玛德琳·比克曼（Madeleine Beekman）和卢杰斌（Jie Bin Lew）所做的一些理论工作，以数学方式论证了这一猜想。他们的工作揭示了舞蹈能帮助一个蜜蜂巢群把精力集中到该区的最佳食源，而不是浪费时间，让工蜂采集低质量的花丛。当一只独立的觅食者通过一己之力找到花丛的可能性较低时，跳舞的价值最能体现。因为，跳舞使巢群得以专注于利用质量最高的蜜源。

双语蜜蜂？

蜜蜂的舞蹈语言是从何而来的？我之前提到过，科学家们相信，或许是因为蜜蜂需要避免竞争者“窃听”食源的确切地点。但是，同样的问题普遍存在于许多群居动物当中，而不仅仅是蜜蜂。拥有舞蹈语言的蜜蜂种类，以及它们运用这种语言的方式，都为我们了解这种行为的本源提供了线索。

比克曼和他的同事所研究的是小蜜蜂（red dwarf bee）的舞蹈语言。这种蜂分布在东南亚，与蜜蜂非常近缘。小蜜蜂会把单片的悬挂型蜂巢筑在荫蔽的树枝上，这点与某些胡蜂的巢颇为类似。这种筑巢习性被认为更接近于原始状态，而蜜蜂及其他几种蜂类那充满空腔的复杂巢则被认为是新近演化的成果。小蜜蜂仍会跳舞，而且和蜜蜂一样，当它们选择新居或觅食时，都会有舞蹈的行为。但比起蜜蜂告诉同伴们如何找到新巢洞穴的小入口，向同伴描述露天树枝上的新巢址是一个完全不同的问题。这种差别就像是告诉某人沿着某条路向北走，直至看到粉红色建筑——“你绝对不会错过的！”与明确地告知地点在该建筑东翼三楼的房间一样。另一方面，花丛终归是花丛，当一只工蜂跳舞为告诉同伴在何处能找到食物时，在方向上并不需要那么精确。

比克曼和他的同事通过小蜜蜂的舞蹈录像，发现它们用于觅食和定位巢址的舞蹈的精确程度都并不高。与之相反，比起为同伴指明新居方位的舞蹈，蜜蜂在告知同伴食物地点时，跳舞的精确度要马虎得多。科学家相信，蜜蜂跳舞的行为是作为传递新巢址信息的途径而演化来的，而告知同伴食源方位的功能则是更晚的演化创新。

如果有不止一种蜜蜂会使用符号语言，那它们能够读懂对方的含义吗？来自中国浙江大学（Zheijiang University）的苏松坤（Songkun Su）及其合作者发表了一篇题为《东方向西方学习》的论文。文中显示，虽然亚洲蜜蜂与在欧洲常见的欧洲蜜蜂以及引入北美的蜜蜂是截然不同的物种，但它们也能理解它们欧洲同类给出的指令。苏松坤及其同事精心构造了一个巢群，其中的蜂后来自一个种类，而工蜂却来自另一个种类。这项工作并不容易，因为不同巢群的蜜蜂身上的气味不同，它们通常能察觉并杀死外来者。一般来讲，这两种蜜蜂舞蹈间的差异，可以说跟人类方言间的差异类似，两者在摆尾阶段的时间上有所不同。苏松坤的实验指出，两种蜜蜂能够彼此理解对方的指令；这意味着它们在某种角度上，具有学习新型舞蹈语言的能力。

蜜蜂、猩猩与符号

尽管人们对蜜蜂的交流方式的兴趣越发强烈，对蜜蜂舞蹈的理解也越发深入，但正如温纳指出的，还没有人能使用这些信息来指挥蜜蜂飞到亟待传粉的作物，或是蜂蜜生产的首选蜜源。因此，到底蜜蜂的舞蹈语言对我们而言，有怎样的意义呢？

正如我前面提到的，我们在设立所谓“人类俱乐部”成员的标准时，已经到了接近痴迷的程度；例如，人类是唯一会使用工具的物种，或是惯常的杀害同类，却不以之为食。但是，这两例在事实面前就显得站不住脚了——猩猩、乌鸦及某些其他动物都会使用工具；而榕小蜂（fig wasps）与不少其他物种也会惯常地杀害同类。有人也许会发现，当用暴力嗜杀区分人类与其他动物时，似乎已经有些孤注一掷了。但是，这类的努力还会一直存在下去。而粗俗与高雅并存的语言，一直是一条重要的划分标准。

问题是，即便并非大多数，许多动物也会互相交流，而其交流方式通常是非常复杂精妙的。正如艾莉森・雷（Alison Wray）在《语言起源》一书中指出："要找到人类语言与众不同的具体原因，从未变得如此艰难。这并非因为我们已经不再认同人类语言的独特性，而是因为，几乎每当我们认为自己找到了某个定义语言本质的特点时，或是想到某个能够为语言出现提供背景的特征时，似乎总会发现，某些其他的动物也拥有同样的特质。"

而当"其他动物"是一只昆虫的时候，这种比较似乎格外令人费心劳神。艾琳・克里斯特（Eileen Crist）为蜜蜂语言之争做了一篇分析论文。她说："这种几近认真的，认为昆虫也有语言的观点，已经在行为学界造成了令人不安的影响。"她注意到，蜜蜂摇摆舞满足了语言的许多要素标志，像是拥有一套规则，有必要的语序，还有所用符号的复杂性。心理学家马克・豪泽（Mark Hauser），语言学家诺姆・乔姆斯基（Noam Chomsky）和特库姆塞・费奇（Tecumseh Fitch）断言，人类语言与动物使用的交流方式有着本质区别，不论是鸟鸣还是蜂舞。至少，若我们要从狭义及广义上来区分人们所谓的语言天赋，那么还不太清楚是否要把蜜蜂划入其中一种定义。其他语言学家则对这些区分条件有所疑问。有时他们会提到，我们耳朵的敏感度，能区分无穷无尽的不同声音。认为猩猩华秀（Washoe）（译注：世界上第一只掌握人类语言的动物）或非洲灰鹦鹉亚历克斯能够学习人类语言要素的观点，让我们再度重新审视了我们自身的独特性。

顺便一提的是，人们所有的担忧、争执都集中在蜜蜂是否在使用一门真正意义上的"语言"方面，却似乎没有人在这些纷扰当中质疑蜜蜂是否真的在"跳舞"。这或许是因为舞蹈学家比语言学家随和的缘故，也可能是因为我们已经能坦然接受，与其他动物共享舞蹈能力的事实。尽管有人会说，孔雀开屏难与华尔兹舞相媲美。但如果我们总是收窄对语言的定义，迟早我们将落得高处不胜寒的下场。而这样的讨论纯属徒劳。即使极乐鸟的表演多么惊艳，或蜥蜴扩张喉扇的动作多么滑稽，都不会使芭蕾舞者的成就有所失色。

在我看来，蜜蜂不太像亚历克斯或华秀，因为我们无法教它们说出"杯子"，无法教它们谈论每天的生活，也无法教它们提出再要一块水果。蜜蜂只会谈论它们的工作，内容主要涉及温饱问题。而且我觉得，它们用具象化动作来谈论这些事务虽然令人意外，但我们对此的兴趣也未免有些过头了。蜜蜂与人类的语言并非继承自共同的祖先，这意味着我们不能把它们的语言视作我们语言的原始版本。这一事实迫使我们不能像对待灵长类动物一样，以拟人化的视角看待蜜蜂。而我们看待蜜蜂拟人化的程度越低，它们的成就便显得越惊人。因为它们演化出这套交流系统所受到的选择压，与引导人类语言形成的选择压是截然不同的。究竟演化是如何殊途同归而得到表面上如此相似的结果的？

如果蜜蜂真的需要一种办法来向竞争者隐藏自己的交流方式，又如果蚂蚁将同伴生拉硬拽到新居的方法对飞行昆虫来说真的不切实际，那么我的脑海中仍存有两个问题。比起关于谁才够资格进入人类俱乐部的无休止争论，我这两个问题可要有趣得多。第一个问题是，为何其他所有会飞的社会性昆虫都没有演化出某种版本的舞蹈语言？第二个问题是，为什么尽管我们和蚂蚁比较类似（都不会飞），但却演化出了能传达决策的语言，而不像蚂蚁一样靠互相拉扯解决问题呢？或许人类语言并非独一无二的，但在众多的备选方案中，我们至少可以说我们击败了其中的一个（译注：指的是蚂蚁把同伴拖走）。

蜜蜂的语言，以及与之相随的复杂决策过程，解释了为何我们总把目光转回到昆虫的身上。到底为什么？尽管他们危害我们的厨房，有时甚至是健康。我们始终无法摆脱与昆虫间的羁绊，一种同时存在的联系与疏离感。我们都希望能与动物交流。可以肯定地说，我们永远无法与蜜蜂和其他昆虫交流，就连我们与宠物间有限的交流程度也不会达到。且不谈异想天开的T.H. 怀特（T. H. White）和梅特林克，没有人真的相信我们能理解蜜蜂的内心世界，当然前提是如果它们拥有感受的话。而尽管我们不能与之交谈，但它们之间似乎能相互交流；交流的方式，可以说比遍布于动物界其他成员之中的“唧唧”“嗡嗡”之声复杂得多。它们复杂的沟通方式，加上巧夺天工的建筑、对面部的识别、对他人劳动成果的使用，以及复杂的符号系统，正是它们比任何其他生物更与我们相似的原因。但同时，不管它们的外表还是内在，却与我们有着根本上的不同。而正是这种并存的相似与迥异，使我们对它们一直如此着迷。

将近一个世纪以前，正逢爵士乐时代开启之际，在纽约有一位《太阳报》的作家唐·马奎斯（Don Marquis）。他的作品涵盖了很多主题，但最为人称道的则是他创造了——至少记录了——阿奇（archy）。阿奇是一只蟑螂，会在马奎斯的打字机键盘上磕磕绊绊地用头敲出自由体诗。这只蟑螂不能在打字的同时按住 Shift 键，所以他的诗歌全都是小写字母，这为其言论平添了几分漫不经心的意味。这些诗歌最早在 1927 年收录成集，并大受欢迎。而随着 1986 年马奎斯一些诗作的重新发现，几本增册也随之出版。诗作当中还包括了阿奇的朋友梅海塔布尔（mehitabel）的评论。梅海塔布尔在 DonMarquis.com 上，被形容为"一只性格有问题的流浪猫"。

阿奇一般对人类的丑恶直言不讳。但他一些最尖锐的评论，则留给了昆虫在人类生活中所扮演的角色。正如我贯穿于本书的观点，阿奇质疑了我们人类对自身优越感的假设是多么骄傲狂妄的表现：

尽管人们谈论着金钱及工业
谈论着萧条与复兴
谈论着金融和经济
但是蚂蚁们和蝎子们都在静静等待
尽管人们说，他们一直都在制造荒漠
糟蹋了的世界，做好了迎接蚂蚁征服的准备
干旱、侵蚀与荒漠化
只因为人类不会从教训中学习

很可惜的是，阿奇的同伴及后裔似乎不再给我们留信件了。这也许是因为现代键盘必须与巨大的电脑主机相连，而作为区区一只蟑螂，他既无力打开电脑，也不会输入密码吧。我十分期待在某天走进办公室以后，看到我的电脑有像这首阿奇的佳作般的诗句，显示在屏幕上：

我不知人类
因何自傲
昆虫拥有更多
古老的血统
科学家们说
昆虫已然存在时
人类只不过是
咿呀学语的小玩意

我们只能期望，或许在不久的将来，我们现代的蟑螂能学会如何操作触控板（touchpad）吧！

参考书目

引言：昆虫的生活

Darwin, C. 2001. *The Voyage of the Beagle*. Reprint. New York: Modern Library.

Dawkins, R. 2005. Introduction: The illusion of design. *Natural History*, November.

Dethier, V. G. 1964. Microscopic brains. *Science* 143: 1138 - 1145.

——. 1981. Fly, rat, and man: The continuing quest for an understanding of behavior. *Proceedings of the American Philosophical Society* 125: 460 - 466.

Gal, R., and F. Libersat. 2010. A wasp manipulates neuronal activity in the sub-esophageal ganglion to decrease the drive for walking in its cockroach prey. *PLoS ONE* 5: E10019.

Gallai, N., J. M. Salles, J. Settele, and B. E. Vaissiere. Economic valuation of the vulnerability of world agriculture confronted with pollinator decline. *Ecological Economics* 68: 810 – 821.

Hoyt, E., and T. Schultz, eds. 1999. *Insect Lives*. New York: John Wiley and Sons.

Losey, J. E., and M. Vaughan. 2006. The economic value of ecological services provided by insects. *BioScience* 56: 311 – 323.

Ratnieks, F. L. W. 2006. Can humans learn from insect societies? *Nova Acta Leopoldina NF* 93: 97 – 116.

Siebert, C. 2009. Something wild. *New York Times*, March 5.

Vosshall, L. B. 2007. Into the mind of a fly. *Nature* 450: 193 – 197.

Wallechinsky, D., I. Wallace, and A. Wallace. 1977. *The Book of Lists*. New York: William Morrow and Co.

Zimmer, C. 2010. A wasp finds the seat of the cockroach soul. *Discover Blogs,The Loom*. April 20. Available at http://blogs.discovermagazine.com/loom/2010/04/20/a-wasp-finds-the-seat-of-the-cockroach-soul/.

第一章 如果你这么聪明，怎么还会不富裕呢？

Burger, J. M. S., M. Kolss, J. Pont, and T. J. Kawecki. 2008. Learning ability and longevity: A symmetrical evolutionary trade-off in *Drosophila*. *Evolution* 62: 1294 – 1304.

Chanda, S., and E. Caulton. 1999. David Douglas Cunninghan (1843 – 1914): A biographical profile. *Aerobiologia* 15: 255 – 258.

Chittka, L., and E. Leadbeater. 2005. Social learning: Public information in insects. *Current Biology* 15: R869 - R871.

Clare, S. 2006. Honeybees make plans. *Journal of Experimental Biology* 209: ii.

Collett, T. S. 2008. Insect behaviour: Learning for the future. *Current Biology* 18: R131 - R134.

Csibra, G. 2007. Teachers in the wild. *Trends in Cognitive Sciences* 11:95 - 96.

Cunningham, D. D. 1907. *The Plagues and Pleasures of Life in Bengal*. London:John Murray.

Dacke, M., and M. V. Srinivasan. 2008. Evidence for counting in insects. *Animal Cognition* 11: 683 - 689.

D'Ettorre, P. 2007. Evolution of sociality: You are what you learn. *Current Biology* 17: R766 - R768.

Dukas, R. 2008. Evolutionary biology of insect learning. *Annual Review of Entomology* 53: 145 - 160.

Dukas, R., C. Clark, and K. Abbott. 2006. Courtship strategies of male insects: When is learning advantageous? *Animal Behaviour* 72: 1395 - 1404.

Dyer, A. G., C. Neumeyer, and L. Chittka. 2005. Honeybee (*Apis mellifera*)vision can discriminate between and recognise images of human faces. *Journal of Experimental Biology* 208: 4709 - 4714.

Dyer, A. G., M. G. P. Rosa, and D. H. Reser. 2008. Honeybees can recognise images of complex natural scenes for use as potential landmarks. *Journal of Experimental Biology* 211: 1180 - 1186.

Fabre, J. H. 1981. *The Insect World of J. Henri Fabre.* Reprint. New York: Harper Colophon.

Fisher, O. 1911. Insect intelligence. *Nature* 86: 144.

Kennerknecht, I., N. Pluempe, and B. Welling. 2008. Congenital prosopagnosia—A common hereditary cognitive dysfunction in humans. *Frontiers in Bioscience* 13: 3150 - 3158.

Kosmos, H. 2008. Through the eyes of a bee. Interview with Adrian Dyer. *Humboldt Kosmos*. Available at www.humboldt-foundation.de/web/kosmosinterviews-en-91-1.html.

Leadbeater, E., and L. Chittka. 2007. Social learning in insects—From miniature brains to consensus building. *Current Biology* 17: R703 - R713.

Leadbeater, E., N. E. Raine, and L. Chittka. Social learning: Ants and the meaning of teaching. *Current Biology* 16: R323 - R325.

Mery, F., A. T. Belay, A. K.-C. So, M. B. Sokolowski, and T. J. Kawecki. 2007. Natural polymorphism affecting learning and memory in *Drosophila. Proceedings of the National Academy of Sciences USA* 104: 13051 - 13055.

Mery, F., and T. J. Kawecki. 2004. The effect of learning on experimental evolution of resource preference in *Drosophila melanogaster. Evolution* 58: 757 - 767.

——. 2005. A cost of long-term memory in *Drosophila. Science* 308: 1148.

Nowbahari, E., A. Scohier, J.-L. Durand, and K. L. Hollis. 2009. Ants, *Cataglyphis cursor*, use precisely directed rescue behavior to free entrapped relatives. *PLoS ONE* 4: E6573.

Paenke, I., B. Sendhoff , and T. J. Kawecki. 2007. Influence of plasticity and learning on evolution under directional selection. *American Naturalist* 170: E47 – E58.

Richardson, T. O., P. A. Sieeman, J. M. McNamara, A. I. Houston, and N. R. Franks. 2007. Teaching with evaluation in ants. *Current Biology* 17: 1520–1526.

Sitaraman, D., M. Zars, H. LaFerriere, Y.-C. Chen, A. Sable-Smith, T. Kitamoto,G. E. Rottinghaus, and T. Zars. 2008. Serotonin is necessary for place memory in *Drosophila. Proceedings of the National Academy of Sciences USA* 105: 5579 – 5584.

Thornton, A. 2008. Variation in contributions to teaching by meerkats. *Proceedings of the Royal Society of London B* 275: 1745 – 1751.

Thornton, A., N. J. Raihani, and A. N. Radford. 2007. Teachers in the wild: Some clarification. *Trends in Cognitive Sciences* 11: 272–273.

Tomchik, S. M., and R. Davis. 2008. Out of sight, but not out of mind. *Nature* 453: 1192 – 1194.

Wessnitzer, J., M. Mangan, and B. Webb. 2008. Place memory in crickets. *Proceedings of the Royal Society of London B* 275: 915 – 921.

Zhang, S., S. Schwarz, M. Pahl, H. Zhu, and J. Tautz. 2006. Honeybee memory: A honeybee knows what to do and when. *Journal of Experimental Biology* 209: 4420 – 4428.

Zimmer, C. 2008. Lots of animals learn, but smarter isn't better. *New York Times*, May 6.

第二章 昆虫的基因组

Birney, E. 2007. Come fly with us. *Nature* 450: 184 – 185.

Brenner, S. 1996. Interview: The world of genome projects. *BioEssays* 12:1039 – 1042.

Chadee, D. D., P. Kittayapong, A. C. Morrison, and W. J. Tabachnick. 2007. A breakthrough for global public health. *Science* 316: 1703 – 1704.

Check, E. 2006. From hive minds to humans. *Nature* 443: 893.

Cusson, M. 2008. The molecular biology toolbox and its use in basic and applied insect science. *BioScience* 58: 691 – 700.

Evans, J. D., and D. Gundersen-Rindal. 2003. Beenomes to *Bombyx*: Future directions in applied insect genomics. *Genome Biology* 4: 107.

Flannery, M. C. 2007. One genome, one piece of the puzzle. *American*

Biology Teacher 69: 109 – 112.

——. 2008. Insects by the numbers. *American Biology Teacher* 70: 426 – 429.

Gregory, T. R. 2005. Synergy between sequence and size in large-scale genomics. *Nature Reviews Genetics* 6: 699 – 708.

——. 2005. Genome size evolution in animals. In *The Evolution of the Genome*, ed. T. R. Gregory. New York: Elsevier.

Gregory, T. R., and J. S. Johnston. 2008. Genome size diversity in the family Drosophilidae. *Heredity* 101: 228–238.

Gunter, C. 2007. Genomics on the fly. *Nature Reviews Genetics* 8: 904.

Jenner, R. A., and M. A. Wills. 2007. The choice of model organisms in evodevo. *Nature Reviews Genetics* 8: 311 – 319.

Koshikawa, S., S. Miyazaki, R. Cornette, T. Matsumoto, and T. Miura. 2008.Genome size of termites (Insecta, Dictyoptera, Isoptera) and wood roaches (Insecta, Dictyoptera, Cryptocercidae). *Naturwissenschaften* 95:859 – 867.

Ledford, H. 2007. Attack of the genomes. *Nature* 450: 142 – 143.

Maderspacher, F. 2008. Genomics: An inordinate fondness for beetles. *Current Biology* 18: R466.

Myrmecos blog. 2009. Which ants should we target for genome sequencing? January 15. Available at http://myrmecos.net/.

National Human Genome Research Institute. 2010. NHGRI web site. Available at http://genome.gov.

Pennisi, E. 2007. Fruit fly blitz shows the power of comparative genomics. *Science* 318: 903.

Ponting, C. P. 2008. The functional repertoires of metazoan genomes. *Nature Reviews Genetics* 9: 689 - 698.

Robinson, G. E., and Y. Ben-Shahar. 2002. Social behavior and comparative genomics: New genes or new gene regulation? *Genes, Brain, and Behavior* 1: 197 - 203.

Smith, C. R., A. L. Toth, A. V. Suarez, and G. E. Robinson. 2008. Genetic and genomic analyses of the division of labour in insect societies. *Nature Reviews Genetics* 9: 735-748.

Thompson, G. J., H. Yockey, J. Lim, and B. P. Oldroyd. 2007. Experimental manipulation of ovary activation and gene expression in honey bee (*Apis mellifera*) queens and workers: Testing hypotheses of reproductive regulation. *Journal of Experimental Zoology* 307A: 600 - 610.

Toth, A. L., and G. E. Robinson. 2007. Evo-devo and the evolution of social behavior. *Trends in Genetics* 23: 334 - 341.

Toth, A. L., K. Varala, T. C. Newman, F. E. Miguez, S. K. Hutchison, D. A. Willoughby, J. F. Simons, M. Egholm, J. H. Hunt, M. E. Hudson, and G. E. Robinson. 2007. Wasp gene expression supports an evolutionary link between maternal behavior and eusociality. *Science* 318: 441 - 444.

Tribolium Genome Sequencing Consortium. 2008. The genome of the model beetle and pest *Tribolium castaneum*. *Nature* 452: 949–955.

Tsutsui, N. D., A. V. Suarez, J. C. Spagna, and J. S. Johnston. 2008. The evolution of genome size in ants. *BMC Evolutionary Biology* 8: 64.

Wade, N. 2000. Scientist at work: Sydney Brenner. *New York Times*, March 7.

Waterhouse, R. M., S. Wyder, and E. M. Zdobnov. 2008. The *Aedes aegypti* genome: A comparative perspective. *Insect Molecular Biology* 17: 1 – 8.

Whitfield, J. 2007. Who's the queen? Ask the genes. *Science* 318: 910 – 911.

Wilson, E. O. 2006. How to make a social insect. *Nature* 443: 919 – 920.

Zagorski, N. 2006. Profile of Gene E. Robinson. *Proceedings of the National Academy of Sciences USA* 103: 16065 – 16067.

Zdobnov, E. M., and P. Bork. 2006. Quantification of insect genome divergence. *Trends in Genetics* 23: 16 – 20.

第三章　昆虫的个性生活

Bell, A. M. 2007. Animal personalities. *Nature* 447: 539 – 540.

Biro, P. A., and J. A. Stamps. 2008. Are animal personality traits linked to lifehistory productivity? *Trends in Ecology and Evolution* 23:

361–368.

Cervo, R., L. Dapporto, L. Beani, J. E. Strassmann, and S. Turillazzi. 2008. On status badges and quality signals in the paper wasp *Polistes dominulus*: Body size, facial colour patterns and hierarchical rank. *Proceedings of the Royal Society of London B* 275: 1189-1196.

Darwin, C. 2009. *The Expression of the Emotions in Man and Animals*. Reprint of 1872 edition. New York: Penguin Classics.

Dethier, V. G. 1964. Microscopic brains. *Science* 143: 1138–1145.

D'Ettorre, P., and J. Heinze. 2005. Individual recognition in ant queens. *Current Biology* 15: 2170–2174.

Dreier, S., J. S. van Zweden, and P. D'Ettorre. 2007. Long-term memory of individual identity in ant queens. *Biology Letters* 3: 459–462.

Gosling, S. D. 2001. From mice to men: What can we learn about personality from animal research? *Psychological Bulletin* 127: 45–86.

Gosling, S. D., and S. Vazire. 2002. Are we barking up the right tree? Evaluating a comparative approach to personality. *Journal of Research in Personality* 36: 607–614.

Griffin, D. R. 1984. *Animal Thinking*. Cambridge, MA: Harvard University Press.

——. 2001. *Animal Minds*. Chicago: University of Chicago Press.

Gronenberg, W., L. E. Ash, and E. A. Tibbetts. 2008. Correlation between facial pattern recognition and brain composition in paper wasps. *Brain, Behavior, and Evolution* 71: 1 – 14.

Higgins, L. A., K. M. Jones, and M. L. Wayne. 2005. Quantitative genetics of natural variation of behavior in *Drosophila melanogaster*: The possible role of the social environment on creating persistent patterns of group activity. *Evolution* 59: 1529 – 1539.

Keller, E. F. 1983. *A Feeling for the Organism*. New York: W. H. Freeman and Co.

Koolhaas, J. M. 2008. Coping style and immunity in animals: Making sense of individual variation. *Brain, Behavior, and Immunity* 22: 662 – 667.

Kortet, R., and A. Hedrick. 2007. A behavioural syndrome in the field cricket *Gryllus integer*: Intrasexual aggression is correlated with activity in a novel environment. *Biological Journal of the Linnean Society* 91: 475 – 482.

Mehta, P. H., and S. D. Gosling. 2008. Bridging human and animal research: A comparative approach to studies of personality and health. *Brain, Behavior, and Immunity* 22: 651 – 661.

Nemiroff , L., and E. Despland. 2007. Consistent individual differences in the foraging behaviour of forest tent caterpillars (*Malacosoma disstria*). *Canadian Journal of Zoology* 85: 1117 – 1124.

Nettle, D. 2006. The evolution of personality variation in humans and other animals. *American Psychologist* 61: 622 – 631.

ϕyvind, ϕ . 2007. Preface: Plasticity and diversity in behavior and brain function — Important raw material for natural selection? *Brain, Behavior, and Evolution* 70: 215 - 217.

Réale, D., S. M. Reader, D. Sol, P. T. McDougall, and N. J. Dingemanse. 2007. Integrating animal temperament within ecology and evolution. *Biological Reviews* 82: 291 - 318.

Robins, R. W. 2005. The nature of personality: Genes, culture, and national character. *Science* 310: 62 - 63.

Sih, A., A. M. Bell, and J. C. Johnson. 2004. Behavioral syndromes: An integrative overview. *Quarterly Review of Biology* 79: 241 - 277.

——.2004. Behavioral syndromes: An ecological and evolutionary overview. *Trends in Ecology and Evolution* 19: 372 - 378.

Sih, A., and J. V. Watters. 2005. The mix matters: Behavioural types and group dynamics in water striders. *Behaviour* 142: 1417 - 1431.

Stamps, J. A. 2007. Growth-mortality tradeoffs and "personality traits" in animals. *Ecology Letters* 10: 355 - 363.

Tibbetts, E. A. 2002. Visual signals of individual identity in the wasp *Polistes fuscatus. Proceedings of the Royal Society of London B* 269: 1423 - 1428.

——. 2004. Complex social behaviour can select for variability in visual features: A case study in *Polistes* wasps. *Proceedings of the Royal Society of London B* 271: 1955 - 1960.

Tibbetts, E. A., and J. Dale. 2004. A socially enforced signal of quality in a paper wasp. *Nature* 432: 218 - 222.

——.2007. Individual recognition: It is good to be different. *Trends in Ecology and Evolution* 22: 529 - 537.

Tibbetts, E. A., and R. Lindsay. 2008. Visual signals of status and rival assessment in *Polistes dominulus* paper wasps. *Biology Letters* 4: 237 - 239.

Wilson, D. S., A. B. Clark, K. Coleman, and T. Dearstyne. 1994. Shyness and boldness in humans and other animals. *Trends in Ecology and Evolution* 9: 442 - 446.

Wolf, M., G. S. van Doorn, O. Leimar, and F. J. Weissing. 2007. Life-history trade-offs favour the evolution of animal personalities. *Nature* 447: 581-584.

第四章　宋飞与蜂后

Angier, N. 2007. In Hollywood hives, the males rule. *New York Times*, November 13.

Brackney, S. 2007. The real life of bees. *New York Times*, November 9.

Charlat, S., E. A. Hornett, J. H. Fullard, N. Davies, G. K. Roderick, N. Wedell, and G. D. D. Hurst. Extraordinary flux in sex ratio. *Science* 317: 214.

Cobb, M. 2002. Jan Swammerdam on social insects: A view from the seventeenth century. *Insectes Sociaux* 49: 92 - 97.

Crane, E. 1999. *The World History of Beekeeping and Honey Hunting.* New York: Routledge.

Godfray, H. C. J., and J. H. Werren. 1996. Recent developments in sex ratio studies. *Trends in Ecology and Evolution* 11: 59 - 63.

Hamilton, W. D. 1967. Extraordinary sex ratios. *Science* 156: 477 - 488.

Swammerdam, J. 2004. Information available at http://janswammerdam.net.

Trivers, R. L., and H. Hare. 1976. Haplodiploidy and the evolution of the social insect. *Science* 191: 249 - 263.

Trivers, R. L., and D. E. Willard. 1973. Natural selection of parental ability to vary the sex ratio of offspring. *Science* 179: 90 - 92.

Wilson, B. 2004. *The Hive: The Story of the Honeybee and Us.* London: John Murray.

Zuk, M. 2002. *Sexual Selections: What We Can and Can't Learn about Sex from Animals.* Berkeley: University of California Press.

第五章　昆虫的精子与卵子

Ben-Ari, E. T. 2000. Choosy females. *BioScience* 50: 7 - 12.

Birkhead, T. R. 2000. Defining and demonstrating postcopulatory female choice—Again. *Evolution* 54: 1057 - 1060.

Birkhead, T. R., and T. Pizzari. 2002. Postcopulatory sexual selection. *Nature Reviews Genetics* 3: 262 - 273.

Bjork, A., Dallai, R., and S. Pitnick. 2007. Adaptive modulation of sperm production rate in *Drosophila bifurca*, a species with giant sperm. *Biology Letters* 3: 517 - 519.

Briceño, R. D., W. G. Eberhard, and A. S. Robinson. 2007. Copulation behaviour of *Glossina pallidipes* (Diptera: Muscidae) outside and inside the female, with a discussion of genitalic evolution. *Bulletin of Entomological Research* 97: 471 - 488.

Chapman, T. 2008. The soup in my fly: Evolution, form and function of seminal fluid proteins. *PLoS Biology* 6: 1379 - 1382.

Córdoba-Aguilar, A. 2006. Sperm ejection as a possible cryptic female choice mechanism in Odonata (Insecta). *Physiological Entomology* 31: 146 - 153.

Eberhard, W. G. 1991. Copulatory courtship and cryptic female choice in insects. *Biological Reviews* 66: 1 - 31.

Eberhard, W. G., and C. Cordero. 1995. Sexual selection by cryptic female choice on male seminal products—A new bridge between sexual selection and reproductive physiology. *Trends in Ecology and Evolution* 10:493 - 496.

Engqvist, L. 2007. Nuptial gift consumption influences female remating in a scorpionfly: Male or female control of mating rate? *Evolutionary Ecology* 21: 49 - 61.

Fedina, T. Y. 2006. Cryptic female choice during spermatophore transfer in *Tribolium castaneum* (Coleoptera: Tenebrionidae). *Journal of*

Insect Physiology 53: 93 - 98.

Holland, B., and W. R. Rice. 1997. Cryptic sexual selection—More control issues.*Evolution* 51: 321 - 324.

Holman, L., and R. R. Snook. 2008. A sterile sperm caste protects brother fertile sperm from female-mediated death in *Drosophila pseudoobscura. Current Biology* 18: 292 - 296.

Jagadeeshan, S., and R. S. Singh. 2006. A time-sequence functional analysis of mating behaviour and genital coupling in *Drosophila*: Role of cryptic female choice and male sex-drive in the evolution of male genitalia. *Journal of Evolutionary Biology* 19: 1058 - 1070.

Joly, D., C. Bressac, and D. Lachaise. 1995. Disentangling giant sperm. *Nature* 377: 202.

Kullmann, H., and K. P. Sauer. 2008. Mating tactic dependent sperm transfer rates in *Panorpa similis* (Mecoptera; Panorpidae): A case of female control? *Ecological Entomology* 34: 153 - 157.

LaMunyon, C. W., and T. Eisner. 1993. Postcopulatory sexual selection in an arctiid moth (*Utetheisa ornatrix*). *Proceedings of the National Academy of Sciences USA* 90: 4689 - 4692.

Martin, O., and M. Demont. 2008. Reproductive traits: Evidence for sexually selected sperm. *Current Biology* 18: R79 - R81.

Miller, G. T., and S. Pitnick. 2002. Sperm-female coevolution in *Drosophila. Science* 298: 1230 - 1233.

Parker, G. 1970. Sperm competition and its evolutionary consequences in the insects. *Biological Reviews* 45: 525 - 567.

Pattarini, J. M., W. T. Starmer, A. Bjork, and S. Pitnick. 2006. Mechanisms underlying the sperm quality advantage in *Drosophila melanogaster. Evolution* 60: 2064 - 2080.

Peretti, A., W. G. Eberhard, and R. D. Briceño. 2006. Copulatory dialogue: Female spiders sing during copulation to influence male genitalic movements. *Animal Behavior* 72: 413 - 421.

Pitnick, S., G. S. Spicer, and T. A. Markow. 1995. How long is a giant sperm? *Nature* 375: 109.

Pizzari, T. 2006. Evolution: The paradox of sperm leviathans. *Current Biology* 16: R462 - R464.

Simmons, L. W. 2001. *Sperm Competition and Its Evolutionary Consequences in the Insects*. Princeton, NJ: Princeton University Press.

——.2005. The evolution of polyandry: Sperm competition, sperm selection, and offspring viability. *Annual Review of Ecology, Evolution, and Systematics* 36: 125 - 146.

Simmons, L. W., and F. Garcia-González. 2008. Evolutionary reduction in testes size and competitive fertilization success in response to the experimental removal of sexual selection in dung beetles. *Evolution* 62: 2580 - 2591.

Ward, P. I. 2000. Cryptic female choice in the yellow dung fly *Scathophaga stercoraria* (L.). *Evolution* 54: 1680 - 1686.

Wilson, N., S. C. Tubman, P. E. Eady, and G. W. Robertson. 1997. Female genotype affects male success in sperm competition. *Proceedings of the Royal Society of London B* 264: 1491 - 1495.

第六章　两只果蝇进酒吧

Aldous, P. 2008. Randy flies reveal how booze affects inhibitions. *New Scientist*, January 3.

Bagemihl, B. 1999. *Biological Exuberance: Animal Homosexuality and Natural Diversity*. New York: St. Martin's Press.

Baram, M. 2007. If there was a gay-straight switch, would you switch? *ABC News*, December 14. Available at http://abcnews.go.com/Health/story? id=3997085&page=1.

Featherstone, D. E. 2010. Laboratory web site. Available at www.uic.edu/depts/bios/faculty/featherstone/featherstone_d.shtml.

Gillespie, R. G. 1991. Homosexual mating behavior in male *Doryonychus raptor*(Araneae, Tetragnathidae). *Journal of Arachnology* 19: 229 - 230.

Grosjean, Y., M. Grillet, H. Augustin, J. F. Ferveur, and D. E. Featherstone.2008. A glial amino-acid transporter controls synapse strength and courtship in *Drosophila. Nature Neuroscience* 11: 54 - 61.

Harari, A. R., H. J. Brockmann, and P. J. Landolt. 2000. Intrasexual mounting in the beetle *Diaprepes abbreviatus* (L.). *Proceedings of the Royal Society of London B* 267: 2071 - 2079.

Khamsi, R. 2005. Fruitflies tap in to their gay side. *Nature News*, June 2. Available at www.nature.com/news/2005/050531/full/news050531 - 9.html.

——.2005. Gay flies lose their nerve. *BioEd Online*, November 9. Available at www.bioedonline.org/news/news.cfm?art=2153.

Kim, Y.-K., and L. Ehrman. 1998. Developmental isolation and subsequent adult behavior of *Drosophila paulistorum*. IV. Courtship. *Behavior Genetics* 28: 57 - 65.

Kimura, K., T. Hachiya, M. Koganezawa, T. Tazawa, and D. Yamamoto. 2008. Fruitless and doublesex coordinate to generate male-specific neurons that can initiate courtship. *Neuron* 59: 759 - 769.

Kyriacou, C. P. 2005. Sex in fruitflies is *fruitless*. *Nature* 436: 334 - 335.

Lee, H-G., Y.-C. Kim, J. S. Dunning, and K.-A. Han. 2008. Recurring ethanol exposure induces disinhibited courtship in *Drosophila*. *PLoS ONE* 3: E139.

Levan, K. E., T. Y. Fedina, and S. M. Lewis. 2008. Testing multiple hypotheses for the maintenance of male homosexual copulatory behaviour in flour beetles. *Journal of Evolutionary Biology* 22: 60 - 70.

LeVay, S. 1996. *Queer Science: The Use and Abuse of Research into Homosexuality*. Boston: MIT Press.

Liu, T., L. Dartevelle, C. Yuan, H. Wei, Y. Wang, J.-F. Ferveur, and A. Guo. 2008. Increased dopamine level enhances male-male courtship in *Drosophila*. *Journal of Neuroscience* 28: 5539 – 5546.

McRobert, S. P., and L. Tompkins. 1988. Two consequences of homosexual courtship performed by *Drosophila melanogaster* and *Drosophila affinis* males. *Evolution* 42: 1093 – 1097.

Miyamoto, T., and H. Amrein. 2008. Suppression of male courtship by a *Drosophila* pheromone inhibitor. *Nature Neuroscience* 11: 874 – 876.

Owen, J. 2005. Damselfly mating game turns some males gay. *National Geographic News*, June 21. Available at http://news.nationalgeographic.com/news/2005/06/0621_050622_gay_flies.html.

Preston-Mafham, K. 2006. Post-mounting courtship and the neutralizing of male competitors through "homosexual" mountings in the fly *Hydromyza livens* F. (Diptera: Scatophagidae). *Journal of Natural History* 40:101 – 105.

Reinhardt, K., E. Harney, R. Naylor, S. Gorb, and M. T. Siva-Jothy. 2007. Female-limited polymorphism in the copulatory organ of a traumatically inseminating insect. *American Naturalist* 170: 931 – 935.

Rono, E., P. G. N. Njagi, M. O. Bashir, and A. Hassanali. 2007. Concentration-dependent parsiomonious releaser roles of gregarious male pheromone of the desert locust, *Schistocerca gregaria*. *Journal of Insect Physiology* 54:162 – 168.

Serrano, J. M., L. Castro, M. A. Toro, and C. López-Fanjul. 1991. The genetic properties of homosexual copulation behavior in *Tribolium castaneum*: Diallel analysis. *Behavior Genetics* 21: 547 – 558.

Switzer, P. V., P. S. Forsythe, K. Escajeda, and K. C. Kruse. 2004. Effects of environmental and social conditions on homosexual pairing in the Japanese Beetle (*Popillia japonica* Newman). *Journal of Insect Behavior* 17:1 – 16.

Tennent, W. J. 1987. A note on the apparent lowering of moral standards in the Lepidoptera. *Entomologist's Record* 99: 81 – 82.

Van Gossum, H., L. De Bruyn, and R. Stoks. 2005. Reversible switches between male-male and male-female mating behaviour by male damselflies. *Biology Letters* 1: 268 – 270.

Vosshall, L. B. 2008. Scent of a fly. *Neuron* 59: 685-689.

Wang, Q., L. Chen, J. Li, and X. Yin. 1996. Mating behavior of *Phytoecia rufiventris* Gautier (Coleoptera: Cerambycidae). *Journal of Insect Behavior* 9:47 – 60.

第七章　护幼行为与腐尸

Beal, C. A., and D. W. Tallamy. 2006. A new record of amphisexual care in an insect with exclusive paternal care: *Rhynocoris tristis*

(Heteroptera: Reduviidae). *Journal of Ethology* 24: 305 - 307.

Cocroft , R. 2002. Antipredator defense as a limited resource: Unequal predation risk in broods of an insect with maternal care. *Behavioral Ecology* 13:125 - 133.

Costa, J. T. 2006. *The Other Insect Societies*. Cambridge, MA: Belknap Press.

Evans, T. A., E. J. Wallis, and M. A. Elgar. 1995. Making a meal of mother. *Nature* 376: 299.

Godfray, H.C.J. 1995. Evolutionary theory of parent-off spring conflict. *Nature* 376: 133 - 138.

——.2005. Quick guide: Parent-offspring conflict. *Current Biology* 15: R191.

Goubault, M., D. Scott, and I. C. W. Hardy. 2007. The importance of offspring value: Maternal defence in parasitoid contests. *Animal Behaviour* 74:437 - 446.

Klug, H., and M. B. Bonsall. 2007. When to care for, abandon, or eat your offspring: The evolution of parental care and filial cannibalism. *American Naturalist* 170: 886 - 901.

Kölliker, M. 2007. Benefits and costs of earwig (*Forficula auricularia*) family life. *Behavioral Ecology and Sociobiology* 61:1489 - 1497.

Mas, F., and M. KÖlliker. 2008. Maternal care and offspring begging in social insects: Chemical signalling, hormonal regulation and evolution. *Animal Behaviour* 76: 1121 - 1131.

Nakahira, T., and S. Kudo. 2008. Maternal care in the burrower bug *Adomerus triguttulus*:Defensive behavior. *Journal of Insect Behavior* 21: 306 – 316.

Ohba, S., K. Hidaka, and M. Sasaki. 2006. Notes on paternal care and sibling cannibalism in the giant water bug, *Lethocerus deyrolli* (Heteroptera: Belostomatidae). *Entomological Science* 9:1 – 5.

Perry, J. C., and B. D. Roitberg. 2005. Ladybird mothers mitigate off-spring starvation risk by laying trophic eggs. *Behavioral Ecology and Sociobiology* 58:578 – 586.

——.2006. Trophic egg laying: Hypotheses and tests. *Oikos* 112: 706 – 714.

Roy, H. E., H. Rudge, L. Goldrick, and D. Hawkins. 2007. Eat or be eaten:Prevalence and impact of egg cannibalism on two-spot ladybirds, *Adalia bipunctata. Entomologia Experimentalis et Applicata* 125: 33 – 38.

Santi, F., and S. Maini. 2007. Ladybirds mothers eating their eggs: Is it cannibalism? *Bulletin of Insectology* 60: 89 – 91.

Saul-Gershenz, L. S., and J. G. Millar. 2006. Phoretic nest parasites use sexual deception to obtain transport to their host's nest. *Proceedings of the National Academy of Sciences USA* 103: 14039 – 14044.

Smiseth, P. T., and H. J. Parker. 2008. Is there a cost to larval begging in the burying beetle *Nicrophorus vespilloides? Behavioral Ecology*

19: 1111 – 1115.

Smiseth, P. T., R.J.S. Ward, and A. J. Moore. 2006. Asynchronous hatching in *Nicrophorus vespilloides*, an insect in which parents provide food for their offspring. *Functional Ecology* 20: 151 – 156.

Smith, G., S. T. Trumbo, D. S. Sikes, M. P. Scott, and R. L. Smith. 2007. Host shift by the burying beetle, *Nicrophorus pustulatus*, a parasitoid of snake eggs. *Journal of Evolutionary Biology* 20: 2389 – 2399.

Smith, R. L. 1979. Paternity assurance and altered roles in the mating behaviour of a giant water bug, *Abedus herberti* (Heteroptera, Belostomatidae). *Animal Behaviour* 27:716 – 725.

Staerkle, M., and M. Kölliker. 2008. Maternal food regurgitation to nymphs in earwigs (*Forficula auricularia*). *Ethology* 114: 844 – 850.

Steiger, S., K. Peschke, W. Francke, and J. K. Muller. 2007. The smell of parents: Breeding status influences cuticular hydrocarbon pattern in the burying beetle *Nicrophorus vespilloides. Proceedings of the Royal Society of London B* 274: 2211 – 2220.

Tallamy, D. W. 2005. Egg dumping in insects. *Annual Review of Entomology* 50:347 – 370.

Tallamy, D. W., E. Walsh, and D. C. Peck. 2004. Revisiting parental care in the assassin bug, *Atopozelus pallens* (Heteroptera, Reduviidae). *Journal of Insect Behavior* 17: 431 – 436.

Tallamy, D. W., and T. K. Wood. 1986. Convergence patterns in subsocial insects. *Annual Review of Entomology* 31:369 – 390.

Thomas, L. K., and A. Manica. 2003. Filial cannibalism in an assassin bug. *Animal Behaviour* 66: 205 – 210.

Trivers, R. L. 1974. Parent-off spring conflict. *American Zoologist* 14: 249 – 264.

Trumbo, S. T. 2006. Infanticide, sexual selection and task specialization in a biparental burying beetle. *Animal Behaviour* 72: 1159 – 1167.

——.2007. Defending young biparentally: Female risk-taking with and without a male in the burying beetle, *Nicrophorus pustulatus*. *Behavioral Ecology and Sociobiology* 61: 1717 – 1723.

Williams, L., III, M. C. Coscarón, P. M. Dellapé, and T. M. Roane. 2005. The shield-backed bug, *Pachycoris stallii*: Description of immature stages, effect of maternal care on nymphs, and notes on life history. *Journal of Insect Science* 5:1 – 13.

Zink, A. G. 2003. Quantifying the costs and benefits of parental care in female treehoppers. *Behavioral Ecology* 14: 687 – 693.

第八章　野餐海盗

Beebe, W. 1999. The hometown of the army ants. In *Insect Lives*, ed. E. Hoyt and T. Schultz. Reprint of 1921 edition. New York: John Wiley and Sons.

Beibl, J., R. J. Stuart, J. Heinze, and S. Foitzik. 2005. Six origins of slavery in formicoxenine ants. *Insectes Sociaux* 52: 291 – 297.

Bonckaert, W., K. Vuerinckx, J. Billen, R. L. Hammond, L. Keller, and T. Wenseleers. 2008. Worker policing in the German wasp *Vespula germanica*. *Behavioral Ecology* 19: 272 – 278.

Bono, J. M., M. F. Antolin, and J. M. Herbers. 2006. Parasite virulence and host resistance in a slave-making ant community. *Evolutionary Ecology Research* 8: 1117 – 1128.

Bono, J. M., E. R. Gordon, M. F. Antolin, and J. M. Herbers. 2006. Raiding activity of an obligate (*Polyergus breviceps*) and two facultative (*Formica puberula* and *F. gynocrates*) slave-making ants. *Journal of Insect Behavior* 19: 429 – 446.

Crompton, J. 1954. *Ways of the Ant*. Boston: Houghton Mifflin Co.

Foitzik, S., C. J. DeHeer, D. N. Hunjan, and J. M. Herbers. 2001. Coevolution in host-parasite systems: Behavioural strategies of slave-making ants and their hosts. *Proceedings of the Royal Society of London B* 268: 1139 – 1146.

Gadagkar, R. 2004. Why do honey bee workers destroy each other's eggs? *Journal of Bioscience* 29: 213 – 217.

Gloag, R., T. A. Heard, M. Beekman, and B. P. Oldroyd. 2008. Nest defence in a stingless bee: What causes fighting swarms in *Trigona carbonaria* (Hymenoptera, Meliponini)? *Insectes Sociaux* 55: 387 – 391.

Helanterä, H. 2007. How to test an inclusive fitness hypothesis — Worker reproduction and policing as an example.*Oikos* 116: 1782 - 1788.

Herbers, J. M. 2006. The loaded language of science. *Chronicle of Higher Education* 52: B5.

——.2007. Watch your language! Racially loaded metaphors in scientific research. *BioScience* 57: 104 - 105.

Herbers, J. M., and S. Foitzik. 2002. The ecology of slavemaking ants and their hosts in north temperate forests. *Ecology* 83: 148 - 163.

Hölldobler, B., and E. O. Wilson. 1990. *The Ants*. Cambridge, MA: Belknap Press.

——.1994. *Journey to the Ants*. Cambridge, MA: Belknap Press.

Hoyt, E., and T. Schultz, eds. 1999. *Insect Lives*. New York: John Wiley and Sons.

Johnson, C. A., and J. M. Herbers. 2006. Impact of parasite sympatry on the geographic mosaic of coevolution. *Ecology* 87: 382 - 394.

Maeterlinck, M. 1930. *The Life of the Ant*. New York: John Day Co.

Ratnieks, F.L.W., and P. K. Visscher. 1989. Worker policing in the honeybee.*Nature* 342: 796 - 797.

Ratnieks, F.L.W., and T. Wenseleers. 2005. Policing insect societies. *Science* 307: 54 - 56.

Sleigh, C. 2003. *Ant.* London: Reaktion Books.

——.2007. *Six Legs Better*. Baltimore: Johns Hopkins University Press.

Smith, A. A., and K. L. Haight. 2008. Army ants as research and collection tools. *Journal of Insect Science* 8:71 – 76.

Smith, A. A., B. Hölldober, and J. Liebig. 2009. Cuticular hydrocarbons reliably identify cheaters and allow enforcement of altruism in a social insect. *Current Biology* 19: 78 – 81.

Visscher, P. K., and R. Dukas. 1995. Honey bees recognize development of nestmates' ovaries. *Animal Behaviour* 49: 542 – 544.

Wenseleers, T., and F. L. W. Ratnieks. 2006. Enforced altruism in insect societies. *Nature* 444: 50.

Wheeler, W. M., and T. Schneirla. 1934. Raiding and other outstanding phenomena in the behavior of army ants. *Proceedings of the National Academy of Sciences USA* 20: 316 – 321.

第九章　昆虫的语言

Aleksiev, A. S., B. Longdon, M. J. Christmas, A. B. Sendova-Franks, and N. R. Franks. 2008. Individual and collective choice: Parallel prospecting and mining in ants. *Naturwissenschaften* 95: 301 – 305.

Beekman, M., and J. B. Lew. 2008. Foraging in honeybees—When does it pay to dance? *Behavioral Ecology* 19: 255 – 262.

Beekman, M., R. S. Gloag, N. Even, W. Wattanachaiyingchareon, and B. P. Oldroyd. 2008. Dance precision of *Apis florea*—Clues to the evolution of the honeybee dance language? *Behavioral Ecology and Sociobiology* 62: 1259 - 1265.

Cerdá, X., E. Angulo, and R. Boulay. 2009. Individual and collective foraging decisions: A field study of worker recruitment in the gypsy ant *Aphaenogaster senilis*. *Behavioral Ecology and Sociobiology* 63: 551 - 562.

Conradt, L. 2008. Group decisions: How (not) to choose a restaurant with friends. *Current Biology* 18: R1139 - 1140.

Conradt, L., and C. List. 2009. Group decisions in humans and animals: A survey. *Philosophical Transactions of the Royal Society* B 364: 719 - 742.

Conradt, L., and T. J. Roper. 2005. Consensus decision making in animals.*Trends in Ecology and Evolution* 20: 449 - 456.

Couzin, I. D. 2008. Collective cognition in animal groups. *Trends in Cognitive Sciences* 13: 36 - 43.

Couzin, I. D., J. Krause, N. R. Franks, and S. A. Levin. 2006. Effective leadership and decision-making in animal groups on the move. *Nature* 433:513 - 516.

Crist, E. 2004. Can an insect speak? The case of the honeybee dance language. *Social Studies of Science* 34: 7 - 43.

Detrain, C., and J.-L. Deneubourg. 2008. Collective decision-making and foraging patterns in ants and honeybees. *Advances in Insect Physiology* 35:123 - 173.

Dussutour, A., S. C. Nicolis, E. Despland, and S. J. Simpson. 2008.

Individual differences influence collective behaviour in social caterpillars. *Animal Behaviour* 76:5 - 16.

Dussutour, A., S. J. Simpson, E. Despland, and N. Colasurdo. 2007. When the group denies individual nutritional wisdom. *Animal Behaviour* 74:931 - 939.

Dyer, J. R. G., C. C. Ioannou, L. J. Morrell, D. P. Croft , I. D. Couzin, D. A. Waters, and J. Krause. 2008. Consensus decision making in human crowds. *Animal Behaviour* 75:461 - 470.

Franks, N. R., A. Dornhaus, C. S. Best, and E. L. Jones. 2006. Decision making by small and large house-hunting ant colonies: One size fits all. *Animal Behaviour* 72: 611 - 616.

Franks, N. R., J. W. Hooper, A. Dornhaus, P. J. Aukett, A. L. Hayward, and S. M. Berghoff . 2007. Reconnaissance and latent learning in ants. *Proceedings of the Royal Society B* 274: 1505 - 1509.

Gorman, J. 2006. Mr. Speaker, I'd Like to Do the Waggle. *New York Times*, May 2.

Hauser, M. D., N. Chomsky, and W. T. Fitch. 2002. The faculty of language: What is it, who has it, and how did it evolve? *Science* 298:1569 - 1579.

Lindauer, M. 1957. Communication in swarm-bees searching for a new home. *Nature* 179:63 - 66.

Maeterlinck, M. 1901. *The Life of the Bee*. New York: Dodd, Mead and Co.

Marquis, D. 1987. *Archy and Mehitabel.* Reprint of 1927 edition. New York: Anchor.

Munz, T. 2005. The Bee Battles: Karl von Frisch, Adrian Wenner and the Honey Bee Dance Language Controversy. *Journal of the History of Biology* 38: 535 - 570.

Nieh, J. C., L. S. Barreto, F. A. L. Contrera, and V. L. Imperatriz-Fonseca. 2004.Olfactory eavesdropping by a competitively foraging stingless bee, *Trigona spinipes. Proceedings of the Royal Society of London B* 271: 1633 - 1640.

Passino, K. M., T. D. Seeley, and P. K. Visscher. 2008. Swarm cognition in honey bees. *Behavioral Ecology and Sociobiology* 62: 401-414.

Pinker, S., and R. Jackendoff . 2005. The faculty of language: What's special about it? *Cognition* 95: 201 - 236.

Planqué, R., A. Dornhous, N. R. Franks, T. Kovacs, and J. A. R. Marshall. 2006. Weighing waiting in collective decision-making. *Behavioral Ecology and Sociobiology* 61: 347 - 356.

Pollick, A. S., and F. B. M. de Waal. 2007. Ape gestures and language evolution. *Proceedings of the National Academy of Sciences USA* 104: 8184-8189.

Rittschof, C. C., and T. D. Seeley. 2008. The buzz-run: How honeybees signal "Time to go!" *Animal Behaviour* 75: 189 - 197.

Schultz, K. M., K. M. Passino, and T. D. Seeley. 2008. The mechanism of flight guidance in honeybee swarms: Subtle guides or streaker bees? *Journal of Experimental Biology* 211: 3287 - 3295.

Seeley, T. D., and P. K. Visscher. 2008. Sensory coding of nest-site value in honeybee swarms. *Journal of Experimental Biology* 211: 3691 - 3697.

Seeley, T. D., P. K. Visscher, and K. M. Passino. 2006. Group decision making in honey bee swarms. *American Scientist* 94: 220 - 229.

Sherman, G., and P. K. Visscher. 2002. Honeybee colonies achieve fitness through dancing. *Nature* 419: 920 - 922.

Skorupski, P., and L. Chittka. 2006. Animal cognition: An insect's sense of time? *Current Biology* 16: R851 - R853.

Smith, E. M., and G. W. Otis. 2006. Resolution of a controversy: Functionality of the dance language of the honey bee, Part I. *American Bee Journal* 3:242 - 246.

——.2006. Resolution of a controversy: Functionality of the dance language of the honey bee, Part II. *American Bee Journal* 4: 335 - 340.

Su, S., F. Cai, A. Si, S. Zhang, J. Tautz, and S. Chen. 2008. East learns from West: Asiatic honeybees can understand dance language of European honeybees. *PLoS ONE* 3: E2365.

Visscher, P. K. 2007. Group decision making in nest-site selection among social insects. *Annual Review of Entomology* 52: 255 - 275.

Wenner, A. M. 2002. The elusive honey bee dance "language" hypothesis. *Journal of Insect Behavior* 15:859 - 878.

Wray, A. 2005. The broadening scope of animal communication research. In *Language Origins: Perspectives on Evolution*, ed. M. Tallerman. Oxford: Oxford University Press.

Wray, M. K., B. A. Klein, H. R. Mattila, and T. D. Seeley. 2008. Honeybees do not reject dances for "implausible" locations: Reconsidering the evidence for cognitive maps in insects. *Animal Behaviour* 76:261 – 269.

Yang, C., P. Belawat, E. Hafen, L. Y. Jan, and Y.-N. Jan. 2008. *Drosophila* egglaying site selection as a system to study simple decision-making processes. *Science* 319:1679 – 1683.

索　引

图书在版编目(CIP)数据

昆虫的私生活 / (美)马琳·祖克著;王紫辰译. —北京:商务印书馆,2017(2017.11 重印)
(自然雅趣)
ISBN 978-7-100-12432-4

Ⅰ.①昆… Ⅱ.①马… ②王… Ⅲ.①昆虫学—普及读物 Ⅳ.①Q96-49

中国版本图书馆 CIP 数据核字(2016)第 176407 号

昆虫的私生活

〔美〕马琳·祖克 著
王紫辰 译

商 务 印 书 馆 出 版
(北京王府井大街 36 号 邮政编码 100710)
商 务 印 书 馆 发 行
北 京 冠 中 印 刷 厂 印 刷
ISBN 978 - 7 - 100 - 12432 - 4

2017 年 1 月第 1 版 开本 880×1230 1/32
2017 年 11 月北京第 2 次印刷 印张 11 3/8

定价:42.00 元